GrADS绘图实用手册
（第二版）

朱 禾 编著

U0346978

气象出版社
China Meteorological Press

内 容 简 介

本书通过列举大量实例，详细介绍了 GrADS 绘图软件的多种绘图技巧和使用方法，展示了近年来在培训和开发 GrADS 中所取得的最新成果。书中所附带的光盘，提供了系统软件和所有的绘图示例及所需要的数据，读者只需几个步骤就可运行系统，看到画图结果，使学习更加直观。本书所提供的软件除了兼容 GrADS 已有的功能外，还添加了交互、剪裁、扩充了的地图投影、中文处理等许多功能。其中许多新添功能是作者基于源代码基础上开发的。书中列举的实例正是业务人员在绘图中需要解决的实际问题。本书可供从事气象、农业、海洋等相关部门的业务人员参考。

图书在版编目（CIP）数据

GrADS绘图实用手册 / 朱禾编著. —2版. — 北京：
气象出版社，2017.11（2019.12重印）
ISBN 978-7-5029-6671-3

Ⅰ.①G… Ⅱ.①朱… Ⅲ.①绘图-实用-手
册 Ⅳ.①P459-39

中国版本图书馆CIP数据核字（2017）第271530号

GrADS绘图实用手册（第二版）
GrADS Huitu Shiyong Shouce（di-er Ban）

出版发行：气象出版社

地　　址：北京市海淀区中关村南大街46号	邮政编码：100081	
电　　话：010-68407112（总编室）　010-68408042（发行部）		
网　　址：http://www.qxcbs.com	E - mail：qxcbs@cma.gov.cn	
责任编辑：冷家昭　李太宇　王萃萃	终　　审：吴晓鹏	
责任校对：王丽梅	责任技编：赵相宁	
封面设计：博雅思企划		
印　　刷：三河市君旺印务有限公司		
开　　本：787mm×1092mm　1/16	印　　张：17.25	
字　　数：440千字		
版　　次：2017年11月第1版	印　　次：2019年12月第2次印刷	
定　　价：88.00元		

前 言

《GrADS 绘图实用手册》（第一版）2011 年面世以来，受到国内气象学界的众多好评。此书讲述方式直观易学，贴近实际业务需求。书中提到的许多新开发的工具极大地扩充和完善了 GrADS 的绘图功能，使其几乎涵盖了气象上的所有应用类型。多年来，我们以此书培训了国内近千名业务人员。目前 GrADS 绘图方法在国内气象学界应用非常广泛。

《GrADS 绘图实用手册》（第二版）延续了第一版的特点，从初学到高级用法，由浅入深地介绍 GrADS 的各种绘图技巧，并通过大量示例演示的形式介绍 GrADS 的绘图技巧，有数据、有软件操作、有画图结果显示，使学习过程直观有效。书中的例子一般就是实际工作中碰到的问题，有很强的实用性和针对性。《GrADS 绘图实用手册》（第二版）新增加的一章，提供了许多图形后处理的功能，使得处理图片的手段更加多样。

《GrADS 绘图实用手册》（第一版）出版以来，我们在培训中不断对其中介绍的软件进行改进。此书第二版并不仅仅是绘图技巧的增加，许多新增加的功能都是作者在基于源代码基础上开发的，如两种 T-lnP 图，交互式画锋面，圆、椭圆、样条曲线，利用 Windows 等多种平台上的字体库书写中文、日文、藏文、阿拉伯文字、多种欧洲文字等多种文字，新增和改进了包括"卫星投影"在内的 9 种地图投影方式，使 GrADS 具有处理卫星和雷达图像并与气象要素叠加的功能。该书第二版中还改进了具有"第一猜值"功能的客观分析方法，任意多边形区域剪裁和任意多边形区域内求平均的功能也使此软件具有非常独到的功能。

总之，我们对软件从最底层的修改，大大地扩展了软件的各项功能，提升了未来软件可扩展性，使包括如"圆饼图""Taylor 图"等的开发非常容易。此外，我们也对软件的表现做了很大的改进，包括线条、坐标值和等值线的标注，动态字体大小、图框大小的设置等，使得软件的使用更加流畅，用户的干预更少，软件变得更加智能化，对用户不注意的一些"小错"容错性更强。软件的安装也简单到只需几个"拷贝"命令加几个"双击鼠标"动作即可完成。如果把光盘中的软件拷贝到 U 盘上,则真正做到了"口袋里的软件",方便好用。

需要提醒读者的是，书中所附光盘中的软件，版本号按 GrADS 系统编排、说明，除了具有 GrADS 网站提供软件标准版的所有功能外，还具有作者开发的新功能。一般说来，用户从网上下载的绘图工具可以运行在本书所提供的系统上，但是本书所提供的一些绘图工具，如果用到作者开发的这些"非标准功能"，则可能不能运行在其他"标准版"的 GrADS 系统中。

本书编写过程中，力求内容丰富、实用。只是由于作者的工作环境和水平所限，书中难免有一些错误和不足，希望读者及时批评指正。

作者

2017 年 9 月

目　录

第1章　GrADS绘图软件概述

1.1　GrADS绘图软件简介

The Grid Analysis and Display System（GrADS）是一套开源开放、应用广泛、使用方便的科学数据绘图软件包，特别是针对气象类数据的应用。近年来，系统不断更新，功能更加丰富。本书中介绍的软件，不仅包括了目前 GrADS 最新版本的所有功能，还加入了作者在源代码基础上开发、改进的许多新功能，特别是针对中国区域开发的，使用中文、少数民族文字处理中国区域地理信息、不规则区域平均、交互式画锋面等功能。2019 年重印更增加了 WRF 模式后处理包、欧洲数值预报中心数据处理包（eccodes）、nco、cdo软件包。

GrADS 属于自由软件，可以从 Internet 上免费获得。其主要特点：

●可运行于多种 Windows、Linux 和 Unix 平台。

虽然 GrADS 只能绘制 2 维图形，但它可以直接读入 5 维数据，即经度、纬度、层（气压层、高度层等）、时间和集合预报维。然后用户提供各种命令对数据进行加工，最终产生两维图。数据可以是格点化的数据或站点观测数据。对数据强大的再加工能力，使用户的使用更加方便，如根据风场算散度、涡度、平均，设计计算格点积分、差分，观测数据的客观分析方法等，使 GrADS 特别适用于气象类数据的分析。但也完全可以用于更广泛的非气象类数据的分析。

●GrADS 有多种显示方式：等值线、流线、矢量图、风矢量图、站点观测填图、折线图、直方图等多种两维图形，以及气象上特殊 T-lnP 图等。数据在不同地图投影方式下的显示，气象数据显示更加生动。

●可处理多种格式的数据。GRIB、NetCDF、HDF-SDS 等通用数据格式和系统自定义的二进制数据格式。

●采用命令行输入的交互式方式和运行用户编写的脚本批处理方式绘图。有多种命令对数据进行再加工，产生新数据等。

●图形采用通用格式存储：pdf、eps、png、svg。之后可借助如 Photoshop 等多种通用的图形图像软件，对图形做编辑加工、格式转换等多种灵活处理。

1.2　Internet上的GrADS资源

GrADS 目前由 George Mason University 维护，主页地址 http://cola.gmu.edu/grads/grads.

php。GrADS 主页上可以找到预编译好的适合于各种环境的 GrADS 软件包。本书附带的软件只适合于 Windows 环境运行，并添加了本书作者新开发功能和修改，已通过 XP、Win7、WIN10 的验证，建议使用 Win7 以上环境运行。通过 http://cola.gmu.edu/grads/gadoc/gadocindex.html 网页，用户可随时随地检索到 GrADS 的用法。本书列举了大量实例来说明绘图技巧，不再对具体的语法做详细解释，建议大家在运行实例的过程中，对所涉及的命令，阅读上述网页，了解命令的详细语法解释。此外，由于 GrADS 在全世界有非常广泛应用，因此用户通过网上搜索，能发现大量现成的画法例子学习借鉴。

1.3   GrADS绘图软件的安装（Windows环境）

以下安装过程，是作者开发设计的一种特殊方法，与网上查到的安装方法有所不同，适合在 Windows 硬盘或 USB 盘下运行 GrADS 软件。以下分 U 盘安装和硬盘版安装讲解。

1.3.1   U盘版安装

将本书附带光盘中的压缩文件解压到硬盘或 U 盘。进入"GrADSv2.2.1\pcgrads"目录，双击 GrADS 设置及启动 .vbs，出现图 1.1 命令行窗口。注意，此窗口中只接受 Linux 格式的命令，在窗口中输入"grads"命令即可开始画图。

U 盘盘符随各个机器不同和插 U 盘个数不同，随时会有变化。我们设计的启动方式，并不要求 U 盘使用固定的盘符。并且，pcgrads 和 sample 目录可以拷到子目录下（但上级目录中最好不要带中文）。为说明方便，以下假设 U 盘盘符为 k 盘，软件位于"k:\GrADSv2.2.1\pcgrads"和"k:\GrADSv2.2.1\sample"目录。

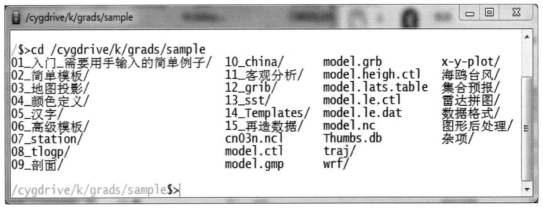

图1.1   Xterm命令行窗口

1.3.2   GrADS设置及启动.vbs的启动过程和设置

GrADS 设置及启动 .vbs 启动过程将自动完成以下 6 项工作，其中有些任务容许用户干预，有些任务用户要检查运行结果是否正确。

（1）如果需要运行本书附带的例子，先用文本编辑器直接编辑 GrADS 设置及启动 .vbs

文件，设置"sample"目录的位置（缺省安装时"sample"目录和"pcgrads"放在同级目录下，因此不用做修改），让启动过程直接进入 sample 所在的目录，方便快捷，效果即如图 1.1 所示。或用户按文件中的例子，直接定义用户将来所要处理数据所在的目录。如果以上两项都不做，或出现错误，开启的命令行窗口没有快速进入所需的目录，这也并不影响启动过程，只是图 1.1 的窗口不会直接进入你所要去的目录，影响用户使用感觉。但之后你可以在命令行窗口中用"cd"命令进入到你想要去的目录即可。注意"cd 命令的格式"：

"cd /cygdrive/k/grads/sample"，

要在 Windows 盘符前加上"/cygdrive/"，将 Windows 的 U 盘符 'k:' 改成 'k/'，之后的路径中反 '\' 都改成 '/'，即要使用 Linux 格式的路径规则。

Sample 也代表用户未来要处理的自己的数据目录，可以是在计算机任何地方，用户也需要快速进到自己要处理数据的地方。

（2）第 2 项任务是将上述定义的目录写到 cygwinv3_64 目录下一个名为"cd.sh"的文件中。此文件在启动完成后将被删除。

（3）第 3 项任务是调用 cygwinv3_64\bash_HD.bat 设置 cygwin2.0.0/etc/bash.bashrc 文件。该文件设置正确与否直接关系到系统是否启动成功。此项操作会在 cygwin2.0.0 目录下留下一个跟 bash.bashrc 文件内容完全一样的文件，名字叫做 save_etc_bash.bashrc。如果启动出现问题，请查看这两个文件是否一致。注意这两个文件一定不要用 Windows 的文本编辑器编辑，因为他们是 Unix 格式文档。用 Windows 的文本编辑器有可能在你不知不觉中将 Unix 格式文档改为 Windows 格式文档，造成系统将无法启动。

（4）启动 Xterm 窗口。此时你将看到如图 1.1 所示的窗口出现。

（5）启动 X Server。GrADS 图形显示必须借助 X Server 的支持。X Server 将以后台任务形式显示在任务栏右下角 。

（6）最后，删除"cd.sh"文件，只保留图 1.1 的 Xterm 窗口。在删除 cd.sh 文件之前，启动一个 9 秒的延时处理。此延时不能太快，不然 cd.sh 文件已被删除，而 Xterm 未启动完成，这样就进不了"sample"目录。用户可以根据计算机响应的快慢调整延时设置。

GrADS 软件并不能直接在 Windows 下运行，而是要借助 Cygwin 运行环境支持，Cygwin 实际上是一个在 Windows 环境下运行的 Linux 系统。Cygwin 也是一个公开的项目，在互联网上能搜到许多资源，如果全部安装可能要占几十个 G 的空间，这里我们只提供了删节版本。因此只能保证运行本书提供的 GrADS 画图软件和 sample 中已编译好的 C 和 Fortran 语言的可执行程序。完整的 Cygwin 系统可以完成从开发到运行等多种任务，建议有需求的用户自己从网上下载安装，并从网上学习使用方法。本书提供的 GrADS 绘图软件是在 Cygwin2.0.0 版本下使用动态库编译完成的。本书 pcgrads2.0 中的数字不是指的 GrADS 版本号，而是生成 GrADS 软件的 Cygwin 的版本号，我们会在 Cygwin2.0.0 环境提供最新的 GrADS 版。Cygwin 版本不同，所涉及到的动态库版本可能会不同，可能会导致程序无法运行。用户可联系作者帮助更新版本。

由于 Cygwin 不是 Windows 系统，对目前 Windows 系统下的安全软件来说，都可能被看成是"病毒"软件。因此当从光盘向 U 盘或硬盘拷贝时杀毒软件就有可能强制删除"病毒"

文件，或在运行时提示某些文件是"病毒"文件，并被转移到隔离区。因此，拷贝时注意比较文件个数，文件个数不能差太多。运行时，360安全软件（其他软件类似）会提示有"病毒"，方法可以是临时关闭360安全卫士，或禁止病毒扫描U盘，或设置"白名单"、添加为"信任"、不扫描GrADS安装目录等方法处理。

1.3.3　硬盘版安装

在硬盘中使用GrADS第一种方式是与1.3.1一样，只需将软件拷到硬盘的某个子目录下，双击GrADS设置及启动.vbs即可。这与U盘用法没什么两样，但每次都要先到GrADS设置及启动.vbs所在的目录，启动GrADS，然后用cd命令转入到用户数据目录才能开始绘图。下面介绍的第二种安装方法，在硬盘下使用更加便捷，使你直接进入数据目录，或称之为在"数据所在目录"立刻开始工作。

首先，将GrADSv2.2.1软件拷贝到某块硬盘的子目录下。第一次运行GrADS时同样双击GrADS设置及启动.vbs，设置硬盘上的bash.bashrc文件。之后运行就不用每次特意到GrADS设置及启动.vbs的目录运行启动系统了。

第二步，借助"XP超级右键"工具，修改注册表，添加新的右键菜单选项。此软件被多数安全软件看成是"病毒"，因为它要修改Windows的注册表，所以要先关闭杀毒软件后运行，Win7以上系统还要以"管理员身份"运行此工具，因此以下操作要非常小心，如果注册表被破坏，将导致系统瘫痪。如果有可能，先用工具备份注册表，以防万一，然后再进行以下操作。右键选择sample\ 杂项 \soft\ 可选及相关软件目录下的"XP超级右键"工具（有可能在压缩包中，要先解压），在弹出的右键菜单中选择"以管理员身份"运行。

图1.2　XP超级右键设置第1步

第三步,"关闭窗口"后又回到图 1.2,再选择 自定义 。

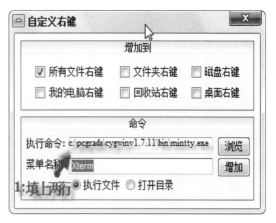

图1.3　XP超级右键设置第2步　　　　　　　　图1.4　XP超级右键设置第3步

其中"执行命令"用"浏览"的方式找到…\cygwinv3_64\bin\mintty.exe 文件(其中 '…' 代表 cygwinv3_64 之前的路径。然后在其后添加 '–i /Cygwin.ico –'。最终结果可能如下所示:

c:\pcgrads\cygwinv3_64\bin\mintty.exe –i /Cygwin.ico –

填完以后还是选择"增加",然后"关闭窗口"再次回到图 1.2,此时选 应用 ,再选择 X 结束 即可。如图 1.5 所示。

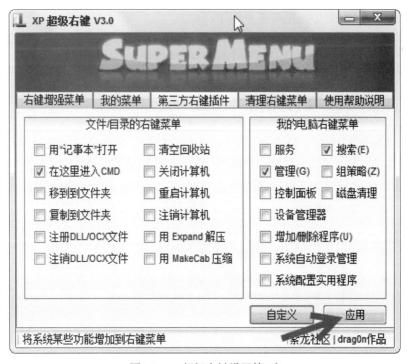

图1.5　XP超级右键设置第4步

定义了右键菜单后，今后打开"Xterm"时，先通过文件浏览器打开用户数据所在的目录，然后用"鼠标右键"选择其中的任何一个"普通文件（非目录）"，从弹出的"右键菜单"中选择"Xterm"，即之前定义的名称，就可以快速打开图1.1的命令行窗口。此时打开的窗口正好位于数据所在的目录，在窗口中直接运行GrADS即可开始绘图，效果同图1.1，在命令行窗口中运行grads命令画图。

1.4   Notepad++文本编辑器的安装

双击Notepad_*.exe，按提示安装Notepad++文本编辑器。在此强烈建议安装此工具，以上编辑bash.bashrc文件时只可用此工具打开文件编辑，而不能用Windows自带的"写字板"或"文本编辑器"。此外本书开发的许多新功能，如编写可以显示中文的GrADS画图脚本文件（gs文件），也要用到此编辑器生成的"UTF-8无BOM格式编码"的脚本才能运行，而Windows系统自带的"文本编辑器"不能生成此格式，还有可能隐含将"UTF-8无BOM格式编码"文本修改后保存为ASCII格式的文本，造成脚本前后运行效果不同。这是一个非常隐蔽的错误，也是许多人抱怨GrADS"不好用"的原因。

1.5   辅助工具

GrADS生成的图形文件，如pdf，png，svg，eps文件都是目前通用的图形图像格式，还可用图片浏览器，pdf浏览编辑器或Photoshop等工具对图形进行浏览和再加工处理。此类工具无特别推荐，根据个人平时喜好使用即可。

本书重印附带的软件都是64位系统，之前附带的NCL只能在32位系统运行，因此NCL已不支持。

1.6   PCGRADS2.0文件结构

Pcgrads目录向下代表了整个画图系统的文件系统，它包含cygwinv3_64目录是运行GrADS的Linux支撑平台，pcgrads是整个GrADS画图系统。其中包含的bin目录包含GrADS所有可执行命令，dat目录放置中英文字库，地理信息数据等通用数据，用户今后可以在此添加更多的通用数据。tools目录放置各种通用绘图工具，多是以".gs"或".gsf"结尾的脚本文件。用户今后也可以将自己开发的通用绘图工具放置在此目录中。本书后面提到的"dat"和"tools"目录指的都是这个两个目录。

Dat目录包含有系统需要的字库和地理信息文件等通用数据都存放在此目录中。将来用户自己开发或从网上下载的"通用数据"都可以放在此目录下供所有应用使用。对其中部分文件做如下解释。

文件名	解释	主要应用
newcn	只含中国国界＋南海9段线及大小岛屿＋台湾＋海南岛等。不含省界 不含其他国界	set mpdset mres newcn draw map
cnmap	与 newcn 一样	
cnhimap	高分辨率的中国地图，除了 cnmap 的内容，增加了各省边界	
cnworld	全球海陆分界＋中国国界＋各省边界＋台湾＋海南岛，但不含南海9段线及大小岛屿	
cnwater	只含中国大小各级水系	
cnriver2	只含长江＋黄河 两条河	
cnriver	只含长江＋黄河 两条河，长江上游含两条分支	
lowres	低分辨率全球海陆边界线（缺省）	
mres	中分辨率全球海陆边界线	
hires	高分辨率全球海陆边界线（只含北美部分）	
font0.dat	字库	Set font 1
font1.dat		
font2.dat		
font3.dat		
font4.dat		
font5.dat		
STFANGSO.TTF	中文仿宋体 / 楷体字库	'set font 24 file STFANGSO.TTF'
STXINGKA.TTF		
lpoly_hires.asc	高分辨率的陆地边界数据	lib/basemap.gs 使用的地图背景数据
lpoly_lowres.asc	低分辨率的陆地边界数据（缺省）	
lpoly_mres.asc	中分辨率的陆地边界数据	
lpoly_US.asc	只含美国区域的 陆地边界数据	
opoly_hires.asc	高分辨率的海洋边界数据	
opoly_lowres.asc	低分辨率的海洋边界数据（缺省）	
opoly_mres.asc	中分辨率的海洋边界数据	

（续表）

文件名	解释	主要应用
以下地理信息文件在 shape/grads/ 目录下		
grads_lowres_land.shp	低分辨率陆地数据	标准的地理信息文件 draw shp grads_mres_land.shp
grads_mres_land.shp	中分辨率陆地数据	
grads_hires_land.shp	高分辨率陆地数据	
grads_lowres_ocean.shp	低分辨率海洋数据	
grads_mres_ocean.shp	中分辨率海洋数据	
grads_hires_ocean.shp	高分辨率海洋数据	
以下地理信息文件在 shape/china_provice/ 和 china_county 目录下		
省 .shp	中国省级区域	
County_p.shp	中国市县级区域	
以下地理信息文件在 china/ 目录下 ASCII 格式		
beijing.dat	北京市地理信息	tools/china.gs file
chinaboarder.dat	中国边界含台湾和海南岛（不含 9 段线）	
DongBei3p.dat	东北 3 省边界 + 包含三省的大外边界	
东北三省 .dat	东北 3 省边界，但不含大外边界	
东北区域 1.txt	东北 3 省 + 内蒙古东部	
hebei.dat	河北含飞地	
hebei_beijing.dat	河北和北京	
province.dat	全国各省级区域	
XiangGong.dat	香港区域	
漠河县 .txt		

　　Tools 目录包含各种"通用绘图工具"，多是以 gs 或以 gsf（动态函数）结尾的文件，是按 GrADS 语法编写的脚本工具。要了解用法，可以直接打开文件查看说明。对其中部分工具做如下解释。

文件名	解释	主要应用
all_in_one.gs	将多幅图画在一张纸上	
backslsh2slsh.gs	将 Windows 路径中的 '\' 替换成 '/'	
basemap.gs	给地图海陆背景填色	
basemap_shp.gs	同上，但用 shp 文件	
basename.gs	同 Linux 的同名命令	
cbar_l.gs	为一维图形化图例	
cbar_line.gs	功能同上	
cbarn.gs	为填色图画图例	
china.gs	读入（中国）地理信息画线或填色	
china_sea.gs	画中国海陆背景图	
china_sea_shp.gs	同上，但用 shp 文件	
中国_陆地_海洋_背景.gs	同 china_sea.gs	
default.gs	关闭 GrADS logo 输出	set imprun default
gradsoff.gs	关闭 GrADS logo 输出	gradsoff.gs
define_colors.gs	定义颜色	
define_rainbowcolor.gs	定义彩虹色系	
extend.gs	取文件扩展名	
font.gs	演示	
fprint.gs	输出图形到文件	
hinterp.gs	水平插值	
index.gs	查找字符	
indexgsf.gsf	同上，用动态函数	
isen.gs	等压面到等商面插值	
lab_asix.gsf	一维图形标坐标	
lab_latlon.gs	扇形投影标经纬度坐标	

（续表）

文件名	解释	主要应用
lab_nps.gs	矩形效果的地图投影标经纬度坐标	
lab_x_y_asix.gs	非投影图标坐标	
latlon2pixel_inc.gsf	将经纬度点转换为像素点	
lab_contourline.gs	为等值线加标注	
lab_time.gsf	为时间轴加标注	
nfile.gs	关闭打开的文件	
pinterp.gs	插值产生指定等压面层的数据	
rpage.gs	计算虚页所对应实页区域的大小	
rpoint.gs	将虚页点转换到实页点	
script_math_demo.gs	数学函数用法演示	
script_math_new_function.gs	数学函数用法演示第二部分	
southchinasea.gsf	画南中国海区域小图	
southchinaseashp.gsf	同上，用 shp 地理信息文件	
set_parea	设置 parea	
subwd.gs	从字符串中取出一段字符串	
whitebackground.gs	画白色背景图	
winbar.gs	画风杆图	
winbarb.gsf	动态函数画风杆图	
wxsym.gs	画气象符号	
xyplot.gs	画曲线图	
zinterp.gs	将等压面场插到指定高度	
zoom.gs	放大工具	
bar_init.gsf	柱状图	
Taylor.gsf	Taylor 图	
Pie.gsf	圆饼图	

Bin 目录包含各种可执行程序

文件名	解释	主要应用
grads.exe	GrADS 绘图命令（已移到 cygwin2.0.0/bin 目录下）	grads –cl file.gs
bufrscan.exe	扫描 BUFR 码数据	bufrscan tables bufrfile
grib2scan.exe	扫描 GRIB2 格式数据	grib2scan grib2_file
gribscan.exe	扫描 GRIB1 格式数据	gribscan -i grib1_file
gribmap.exe	扫描 GRIB1/2ctl 文件，生成 map/ 或 indx 文件	gribmap –i grib.ctl
wgrib.exe	GRIB1 格式数据解码工具	wgrib grib1_file
wgrib2.exe	GRIB2 格式数据解码工具	wgrib2 grib2_file
grib2ctl.pl	GRIB1 格式数据生成 ctl 文件（需要 wgrib.exe）	grib2ctl.pl grib1_file > grib1.ctl
g2ctl.pl	GRIB2 格式数据生成 ctl 文件（需要 wgrib2.exe）	g2ctl.pl grib2_file > grib2.ctl
stnmap.exe	扫描站点 ctl 文件，生成 map/ 或 indx 文件	stnmap –i stn.ctl

第2章　GrADS交互式绘图

本书 sample 目录下包含了各种画法的范例及所需的数据，经过测试都可运行。读者既可以通过范例学习画图技巧又能以范例蓝本添加用户所需的功能，完成自身科研和业务工作。sample 目录代表了今后数据所在的位置，和 pcgrads2.0 可以不放到一起。以上安装要求两者在同一级目录中是为了学习方便。本书以多种范例作为讲解学习手段，对具体命令不作太细致的语法解释，建议读者一边深入细读范例中的每条语句，一边打开第一章提到的帮助页面，来查找自己所需每条命令的详细语法解释。首先来看一组演示数据，以明确未来的工作目标：

- model.le.dat（数据文件—二进制），model.le.ctl（数据描述文件—ASCII 码）
- 或 model.grb，model.ctl，model.gmp（GRIB 码数据）
- 或 model.nc（NetCDF 格式的数据）

第一组（model.le.dat）为模式输出的五天的预报结果；第二组（model.grb）和第三组数据为同一数据按 GRIB 和 NetCDF 格式存储，而 *.ctl 文件（ASCII 码文件）是对应数据文件的数据描述文件,也称为"控制文件"或简称"ctl"文件。数据全部放在 sample 目录下，其中也包括所有应用例子。

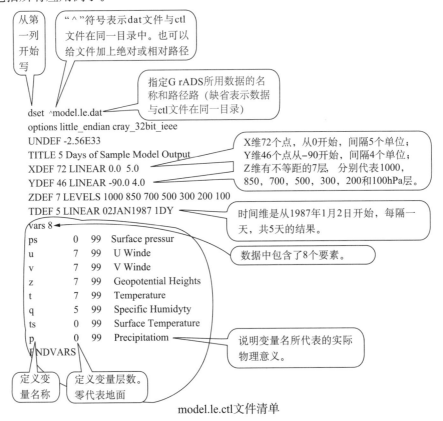

model.le.ctl文件清单

GrADS 一般并不直接使用"数据"，而是通过"数据描述文件"间接使用"数据"。GrADS 中"打开一个数据文件"即是指打开一个数据描述文件。

关于 GrADS 数据格式和用户如何生成该格式的数据，将在第四章讲述；关于 GRIB、NetCDF 等数据格式的数据处理与使用也将有专门章节论述。

以上以第一组（或第二组）数据说明 GrADS 的使用。在使用数据前，首先来了解一下数据的内容。model.le.dat 是一组模式输出的全球 5 天数值预报结果，包括了多个要素、多层，按经纬度网格存放的数据。见 model.le.ctl 清单。

2.1　GrADS命令行方式画图

- 学习 GrADS 的基本使用方法。
- 介绍 GrADS 的常用命令。

本手册主要介绍 GrADS 的两种基本使用方式，交互式的命令行方式和批处理方式－编写命令文本或称为模板。而后一种方式应该是 GrADS 的主要使用方式，但它也会紧密依赖命令行方式。即命令不光是执行操作，还会返回一些参数，如等直线颜色、图框位置，数据维数等。这些参数在命令行方式可以直接看到，并有可能被后续命令用到。而批处理方式不显示命令返回的参数，只有在了解了每个命令在"交互式方式"返回参数的形式后，在"批处理方式"通过一些特殊工具才获取并利用到这些参数。高级脚本的编写正是如何用好这些"参数"的过程。因此我们先从命令行方式学起。

2.1.1　启动GrADS

- 启动 X server。
- 首先进入 sample 命令下的"01_简单例子"，在数据所在的目录开一个命令行窗口。

U 盘版通过双击 GrADS_init2.0.bat 批处理工具一次完成；硬盘版要先双击 XServer 桌面快捷方式，然后用右键菜单打开 Xterm 命令行窗口。

- 输入命令：grads，显示如下提示：

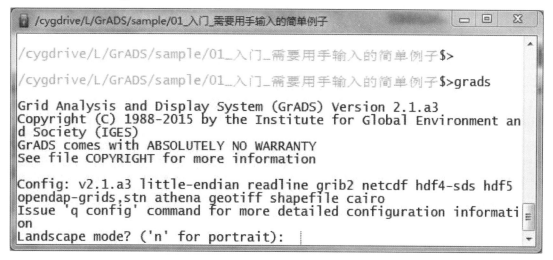

首先显示 GrADS 的一般信息，最底行提示是用"Landscape"模式（图形尺寸：11×8.5（英寸））或 Portrait 模式（8.5 ×11（英寸）—GrADS 中长度和大小单位都用英寸，1 英寸 =2.54 厘米）显示图形输出窗口。输入回车进入"Landscape"模式（缺省）；输入 n 回车则进入 Portrait 模式。之后进入 GrADS 的命令交互模式，等待用户输入命令。此时桌面应如下图所示。

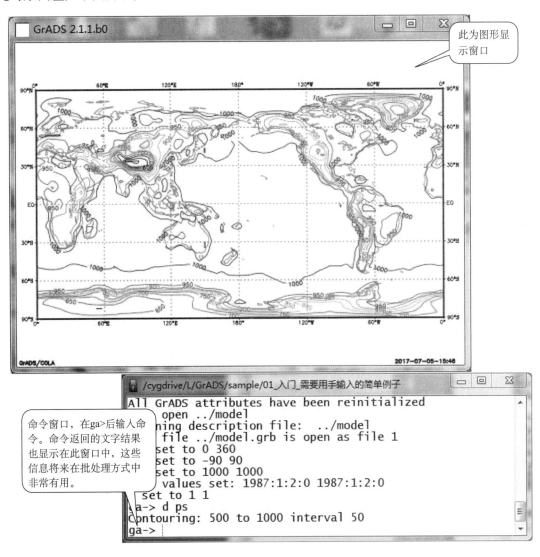

左上角一个窗口是图形显示区（已显示画出了地面气压），GrADS 的所有图形输出结果在此窗口下显示；下部为原打开的 Xterm 窗口，此时正在运行 GrADS，提示显示"ga->"，说明正处于 GrADS 命令等待状态。GrADS 的所有命令都只能通过该窗口输入，所有文字信息也都由此窗口输出。GrADS 命令采用以下格式：

ga-> 命令 <参数 1> <参数 2> …

输入的参数不包括"< >"符号，"< >"内的部分可以省略，即命令可以不带任何参数。

所谓的 命令交互模式 即是在 GrADS 命令提示符下，一步步输入各种 GrADS 命令，修改各种"图元"，产生各种图形。

若想启动 GrADS 直接进入命令交互模式，输入命令：grads –l，直接进入"Landscape"模式或 grads –p，直接进入 Portrait 模式。要获得 GrADS 命令行帮助，运行 grads -help。

命令行选项摘要：

grads -l 以"Landscape"模式运行。

grads -p 以"Portrait"模式运行。

grads -c file<.gs> 进入 GrADS 后，执行批处理命令文件，显示图形输出。

grads -cl file<.gs> 以上选项可联合使用。

图元——组成图形的基本元素，是图形中的最小单位。如线的图元有：起点、终点、线型（实线、虚线…），粗细，颜色等。总之，一张图里的图元可能有千千万万，有些是在图形中能表现出来的，有些是看不到的。GrADS 的各种命令就是使用户能对各种图元加以修改，但有些图元是系统设置好的，不能修改的。任何一个绘图过程都是通过用户设置图元加系统自动设置图共同完成的。好的绘图软件，能使用户在尽量少的干预情况下，通过采用系统缺省设置来完成绘图任务，即你只需要修改你不满意的图元。太多的干预，一方面说明软件灵活性很好，但另一方面，容易使用户感到厌烦，降低用户体验；太少，又会限制系统的功能发挥。

2.1.2　退出GrADS

ga->quit

2.2　GrADS交互式绘图示例

由于交互式绘图需要在命令行方式下输入大量的命令，因此极易产生输入错误，以下示例尽量以最简单的方式绘图，以说明用户的基本操作、GrADS 的画图特点、可利用的工具等。例 1 ～ 21，请按顺序练习。

例1

ga->open model.le.ctl	进入第一步，打开一个描述文件（扩展名 ctl 可省略），GrADS 并不直接使用"数据文件"，而是通过"描述文件"间接使用"数据文件"。
ga->q file	显示 GrADS 打开数据的内容，显示结果应与描述文件说明一致。（可以直接运行 ga->q 显示 q 命令所带的参数及各项功能解释。）
ga->d ps	显示地面气压（1987.1.2.0hr）如上图。"d"是"显示"命令，"ps"是 model.le.ctl 文件中定义的变量名称，代表地面气压。
ga->q dim	显示当前数据维度设置。

q dim 显示结果：

```
ga-> q dim
Default file number is: 1
X is varying   Lon = 0 to 360   X = 1 to 73
Y is varying   Lat = -90 to 90   Y = 1 to 46
Z is fixed     Lev = 1000  Z = 1
T is fixed     Time = 00Z02JAN1987  T = 1
E is fixed     Ens = 1  E = 1
```

例 2

紧接上例输入以下命令：	
ga->c	清除图面。如不清除图面，GrADS 后续显示的图形将与已存在的图形产生叠加。
ga->set lat 40	注意 40°N 并不在数据的网格点上。GrADS 用 42°N 代替。运行"q dim"可以
ga->set lon -90	验证以上说法。
ga->set lev 500	
ga->set t 1	
ga->d z	显示位于（42°N，90°W），500hPa 层，1987.1.2.0hr 一点的位势高度值。

GrADS 输入数据最多可以定义五维数据，以 lon|lat|lev|time|Ens 代表——称为" 世界坐标 "或 x|y|z|t|e——称为" 网格坐标 "，两种方式表示。Ens|e 代表集合预报维，将在以后解释。缺省系统按第一种方式解释，水平（lon|lat）自动认为是经度 / 纬度坐标。

以 x|y|z|t 方式表示维数时，每一维都是一组从 1 开始的序数，对应网格的序号。本例中：x 从 1 到 73（代表从 0°到 360°共 73 个格点，第 73 个格点即第 1 个格点 ，系统自动判断出这是一个全球的数据，因此自动添加了第 73 列格点，方便用户画任意一个子区域的数据）；y 从 1 到 46（代表从 −90°到 90°共 46 个格点）；z=1（指 7 层中的第一层，即 1000 hPa 层）；t=1（5 天中的第一天）。GrADS 是 2 维绘图软件，绘图范围，即维数也是一种图元，这类图元系统一般无法判断，因此，用户要负责从五维数据中截出一个 2 维及以下的部分供 GrADS 使用。运行"open model.le.ctl"命令后，lon|lat 或 x|y 是可变的（本例：lon:0°～ 360°；lat:−90°~90°）。而垂直、时间和 Ens 维都是固定的，lev=1000hPa 或 z=1；time=1987.1.2.0hr 或 t=1。即代表了 GrADS 对维度图元的自动设置，刚好打开一个水平二维数据。因此我们不用设置数据范围就能画出地面气压图。通过维数参数设置，从多维数据中选取一个数据子区域也是一种最初步的数据加工方式，也是用户最常用的设置。

"set 维数参数 数值 1 <数值 2>"

命令改变当前维数设定值。维数参数即取说明提到的"世界坐标"或"网格坐标"，GrADS 中"世界坐标"和"网格坐标"可以混用。当取"数值 1 数值 2"时，表示该维是从数值 1 到数值 2 变化的；而只取一个值时，表示该维取固定值。

水平坐标取值可以是不在网格点上，系统会自动内插，或以最近点代替，而垂直和时间维只能取网格点上的值。维数参数设置会一直保持到再次设定时都有效。 用户可能需要经常察看当前维数设置情况，运行：

ga->q dims

例 3

紧接上例输入以下命令： ga->c 清除图面。 ga->set lon -180 0 ga->d z   显示沿 40°N，180°W 至 0°，500hPa 层，1987.1.2.0hr 位势高度剖面曲线。

例 4

ga->c	清除图面。
ga->set lat 0 90	显示西北半球 500hPa 层，1987.1.2.0hr 位势高度。
ga->d z	Lon、lev、t 设定值采用前例使用值不变。

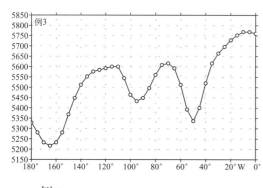
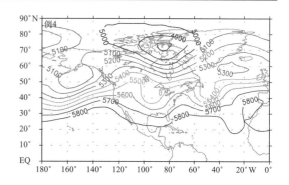

例 5

ga->c   清除图面。 ga->set t 1 5 ga->d z   动画显示西北半球 500hPa 层，1987.1.2.0hr 至 1987.1.6.0hr 位势高度。

例 6

ga->c   清除图面。 ga->set lat -90 90 ga->set lon -90 ga->set lev 1000 100 ga->set t 1 ga->d t   显示沿 90°W，1000 ～ 100hPa 温度剖面图。 ga->d u   在上图基础上再叠加上东西风分量。

例 7

```
ga->c           清除图面。
ga->set lat 40
ga->set lon  -180  0
ga->set lev 500
ga->set t   1  5
ga->d  z        显示 500hPa 沿 40°N，高度的时间剖面。时间坐标值标注不太美观，之
后介绍处理方法
```

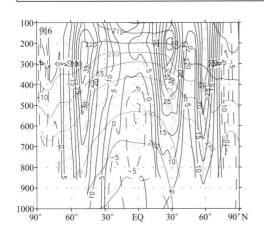
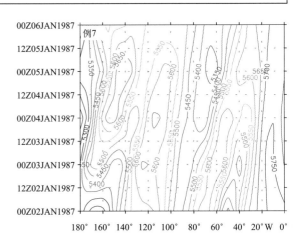

例 8

```
ga->c                          清除图面。
ga-> set lat  0 90
ga->set t   1
ga->d  sqrt（u*u+v*v）          显示 500hPa 全风速值
ga->d  mag（u，v）              GrADS 内部定义了多种函数可以对基本数据作加工。用
                               法见帮助页面。
```

例 9

```
ga->reinit                     删除所有设置重新回到刚进入 GrADS 状态。
ga->open model.ctl
ga->set lat  0 90
ga->set lon  -180  0
ga->d  vint（ps，q，275）        作 q 的垂直质量积分，计算可降水量。
```

$$\mathrm{vint（ps，q，top）} = \frac{1}{g}\int_{ps}^{top} q\,\mathrm{d}p \quad \mathrm{ps} \text{ 和 top：hPa。}$$

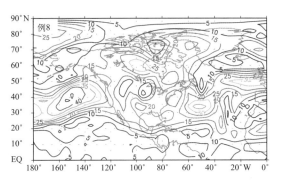

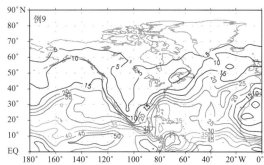

例 10

ga->reset	删除 open 命令后的所有设置。
ga->set lat 0 90	
ga->set lon -180 0	
ga->set lev 500	
ga->d hcurl（u，v）	由风场导出涡度场。 用函数加工数据

例 11

ga->c	清除图面。
ga->d ave（z，t=1，t=5）	显示 500hPa 高度 5 天平均。 如果连续执行 'd' 命令，将产生图形叠加
ga->d z - ave（z，t=1，t=5）	1987.1.2.0hr 高度与平均的偏差。

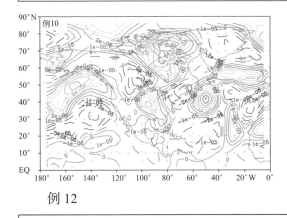

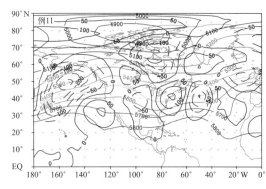

例 12

ga->c	清除图面。
ga->d z-ave（z，x=1，x=72）	高度与纬向平均值的偏差。

例 13

ga->c	清除图面。
ga->d z（t=2）-z（t=1）	两个时刻高度的差
ga->d z（t+1）-z	

例 14

```
ga->c
ga->d  z(lev=500) -z(lev=700)        两个高度间的厚度。或执行绝对层相减。
ga->set z  3                          设置当前层为 700hPa。
ga->d  z(z+1) -z                      当前层 +1 层 =500hPa 层与 700hPa 层相减。相对
                                      层相减。
```

例 15

```
ga->reinit                            删除所有设置重新回到刚进入 GrADS 状态。
ga->open model.ctl
ga->open model.le.ctl                 同时打开两个文件。
同时打开多个文件时，缺省第一个文件是当前要处理的文件，而不是新打开的文件。
要将新打开的文件设置为当前要处理的文件,可以用"set dfile #数字",如"set dfile 2",
此时，model.le.ctl 为当前活动数据。
ga->d  z.2(lev=500) -z.1(lev=700)     两个高度间的厚度。或执行。
ga->set z  3
ga->d  z.1(z+1) -z.2                  结果显示如例 14 所示。
ga->close 2                           关闭文件时要从最后一个文件关起。
ga->close 1
```

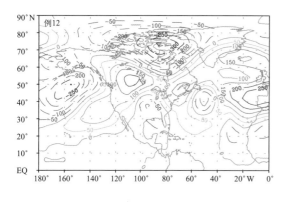

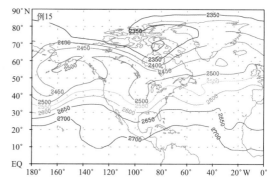

在 GrADS 中一般只简单使用变量名就可以了，变量名完全定义格式如下：

变量名·文件序号（维数参数 +/-/= 某一数值，…）

"变量名"是指用户在"•ctl"文件中定义的变量名称。文件序号指 GrADS 可以同时打开多个文件，并为每个打开的文件编一个序列号，从 1 开始计。上例中，序列号 1 指 model.ctl 文件，序列号 2 指 model.le.ctl。缺省情况下序列号为 1，并可省略。维数参数指由 lat/lon/lev/time 或 x/y/z/t 定义一个值或一个范围，或用"网格坐标 +/- 数值"计算一个相对坐标。此处设置可以与 set 维数参数命令设置的不同。此处设置应该优于 set 命令设置。整个下划线部分都可省或部分省略。变量不仅可以用函数加工成新的变量，也可直接进行

变量与变量之间的运算，对于由两个不同文件中的数据做运算时，两种数据网格要一致。变量之间的运算，实际上只是网格点对网格点之间数据运算。lterp 函数可以改变变量的格距，使两个不同网格的变量能参与运算。

GrADS 还有一种"变量"叫做"定义变量"，如下面例 17 中 define 命令所示，也是一种用户再加工的新数据。可以是多维的（不限于 2 维），同样多维数据也可以进行运算。但显示时，如果"定义变量"多于 2 维，显示时要先将维数设置降到 2 维以下。"定义变量"如果与其他变量做运算，一定要保证两者维数要一致。

利用函数加工数据也能产生新的要素。GrADS 包含了许多气象用途的函数，处理气象问题很方便。

例 16

ga-> c	清除图面。GrADS 有多种"清除"方式，作用各不相同，请查帮助。
ga->set gxout shaded	以分色图形方式输出。
ga->d hcurl （u，v）*1.e5	由风场导出涡度场。
ga->cbarn 1 0	画图例。1: 相对长短，>1 放大，<1 缩小；<0: 水平放置图例；1: 垂直放置。
ga->cbarn	画垂直图例——脚本工具。Cbarn 的具体用法请看 lib 目录下的 cbarn.gs 文件。
ga->set gxout contour	以等值线方式输出（缺省方式）。
ga->d z/9.8	叠加 500hPa 高度场。注意叠加次序。
ga->draw title 500hPa Heights and Vorticity	写图标题。

例 17—克服例 16 图中最外有一白圈。

ga->c	
ga->set gxout shaded	以分色图形方式输出。
ga->define cur=hcurl （u，v）	涡度场，lon:−180~0；lat: 0~90。* 先计算一个较大范围涡度，存于变量 cur。
ga->set lat 2 86	为显示好看，把 lat/lon 范围缩小一些。
ga->set lon -175 -5	
ga->d cur	
ga->cbarn 1 0	画图例。1: 相对长短，>1 放大；0: 水平；1: 垂直。
ga->set gxout contour	以等值线方式输出（缺省方式）。
ga->d z	叠加 500hPa 高度场。注意叠加次序。

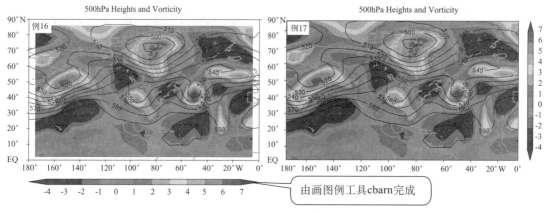

由画图例工具cbarn完成

例 18

ga-> c	清除图面。
ga->set gxout vector	以箭头方式表示矢量场。
ga->d u；v；q	风矢量场。显示矢量时，d x 分量；y 分量＜；标量＞。 "＜；标量＞"内的部分只起标颜色的作用。还可以用 Set arrowhead 调整箭头大小。

例 19

ga-> c	清除图面。
ga->set gxout stream	以流线方式表示矢量场。
ga->d u；v；q	风流线场。还可以用 Set strmden 调节流线密度。

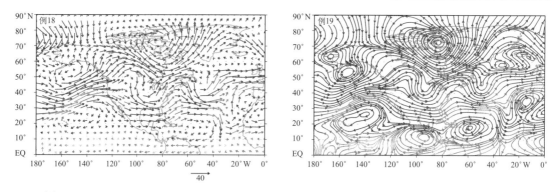

例 20

ga-> c	清除图面。
ga->set gxout barb	以 WMO 风标方式表示矢量场。其中每一个三角代表 50 个 单位，一条长线代表 10 个单位，一条半长线代表 5 个单位。
ga->set digsize 0.05	设置风标大小。
ga->d u*2.5；v*2.5；q	乘 2.5 表示 20m/s 的风画一个三角，4m/s 的风画一长杆， 2m/s 的风画一半长杆。q 给风场加彩色。

例 21

ga-> c	清除图面。
ga->set gxout grid	直接输出网格点数值。
ga->set dignum 1	设置保留小数位数。
ga->set digsiz 0.1	设置数字大小（英寸）。
ga->d u	东西风网格点数值。

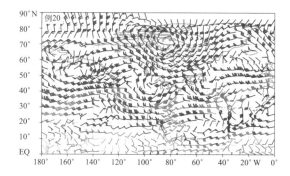
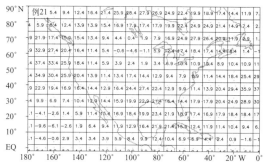

第3章 GrADS绘图模板

上述使用方法是 GrADS 的基本使用方法，其特点是在 GrADS 系统提示符下，用户需要输入一系列的 GrADS 命令来完成绘画。除了打开文件，以及偶尔用的清除命令，最常用的命令就是 'set' 和 'd' 命令。但这也很容易造成输入错误，特别是**有些命令设定后，如果不再重新设置，是"永久"有效，而有些命令只是"一次"有效，要不断重复**。如果用户对初次绘画的效果不满意，要增加一些设置以改进绘图效果时，则所有命令都要重来一遍，因此效率会非常低。

增加效率的一种方法是编制"**绘图模板**"，所谓"绘图模板"就是把绘制命令预先编到一个文件中，在 GrADS 下以批处理方式执行。这种文件被称为"模板"或称作"脚本"或"描述语言"文件 / 英文叫"scripts"。由于这些文件大家习惯上都以 '.gs' 作为扩展名，因此也被称为 gs 文件。针对某一个数据而编写的脚本也很容易做一些修改后，用于类似的问题，因此你在这里学过的一种方法也很容易再用于类似的问题，因此我们把这里的脚本也称作"模板"，有举一反三的作用。另外从上一章使用中大家也能看到，除了使用 GrADS 内部命令和函数对数据进行加工与绘图外，用户开发脚本也是 GrADS 绘图功能的一种扩展方法，如例 16 中调用"cbarn.gs"脚本文件画填色图图例工具。因此一些脚本并不能实现画图功能，而是在其他脚本中被调用接着来完成某些特定功能。这些工具类的脚本一般都放在 lib 目录下，按一般约定成俗规定都以".gs"或".gsf"(动态函数)结尾。

3.1 GrADS绘图模板简介

对照上例 1 先编制一个最简单的模板。

● 模板 1

md01.gs 文件清单（对应"例 1"）：

```
'open   model.le.ctl'
'd   ps'
 ;
* 本例中，维数参数采用打开数据文件后的缺省值。
* 模板文件中以"*"或"#"号开始，并且 * 和 # 在第一列的行是注解行。
;* 如果从行中间写注解，则从 ";*"（";#"）开始到行尾部分为注解。
* 命令必须用单引号括起来，行尾一定要有回车。
* 作为一种良好习惯，应在结尾单独有一行 ";"或空行，
```

模板1中实际的画图语句只有头两句，其他都是注解。从"模板1"中可以看出，最简单的画图模板就是用单引号或双引号括起来的 GrADS 命令。每行写一个命令。如果要把两个命令行写在一行上，两个命令之间用';'隔开。模板中可以有空行和注解行。

执行模板1：

● 在命令提示符下，在 sample.gs 所在的目录下，输入命令：

$-> grads –cl sample01.gs

$-> grads –cl"sample01 参数 1 参数 2…"

(.gs 扩展名可以省略。若模板需要带参数时，注意要加" "号)

dos-> grads –bcxl sample01.gs

-bxcl 选项以完全以批处理方式执行模板。不打开图形窗口，执行完后退回到命令行状态。以这样的方式可以编制后台任务。由系统自动定时执行，完全无需人工干预。

● 或先进入 GrADS，在 GrADS 命令提示符下输入命令

ga-><run> sample01<.gs> <参数 1> <参数 2>…

在上述任何一种方式执行脚本时，参数都可以"从后向前省略"，也就是参数个数是可变的。

上面设计模板只有 2 句话，非常简单。但一般来说一个画图过程可能要涉及到以下几部分。

脚本的基本结构

```
# 第一部分：
# 打开一个或多个数据文件。
# 要了解数据内容：变量名，范围、维数、单位等，可用 q ctlinfo，q file，q files，q dim 等命令。
'open ../model.ctl'


# <第二部分：设置绘图属性，加工数据 >
# 这部分是最灵活的部分，所有的画图技巧都体现在这里，但上例中此部分全都没有。或说都是由系统缺省设置完成的。一个系统好用与否就体现在这里。
# 可设置图类型，等值线、流线、线颜色、类型、间隔、坐标标注、字体大小、地图投影等 ...
# 在 GrADS 里，基本是通过一系列 set 命令完成的。
# 另外，利用 define 语句 定义新的数据，运用函数、数据间运算等加工新数据。
# 第二部分可为空，说明 GrADS 会有大量缺省设置供用户使用。你只需针对不满意部分做出修改。


# 第三部分：
# 画图，将数据呈现出来或将可显示的数据存于文件。
```

（续表）

> \# 呈现过程中也可以添加数据间运算、利用函数加工数据等，这也称作"变量表达式"。
> \# 'display(或简写用 d) 变量表达式 / 变量 1；变量 2 <；变量 3 >'
>   **'d ps'**
> \# 变量表达式即第二部分中所指的数据加工功能，在这第三部分也能做。
>
> \#< 第四部分；画图后处理 >
> \# 输出图像、标图例、坐标值、写字等、undefine 释放空间、关闭文件等。
> \# 作交互绘图操作等。
>
> \# 以上带 <> 的部分是可以省略的。md01.gs 实际上只有第一和第三部分。
> \# 以上四部分结构只是一种理想结构，对于一些大型项目，各个部分还会有穿插，
> \# 使绘图结构变得更加复杂。

在 GrADS 命令提示符下，可反复执行模板（**run** 命令字可以省略）命令。但考虑到命令间相互有影响，在 GrADS 命令提示符下反复运行（或多个）模板时，之间可以先手动键入" **ga->reinit/reset/c** "命令，起到清图和清除之前的所有或部分设置的作用，然后再运

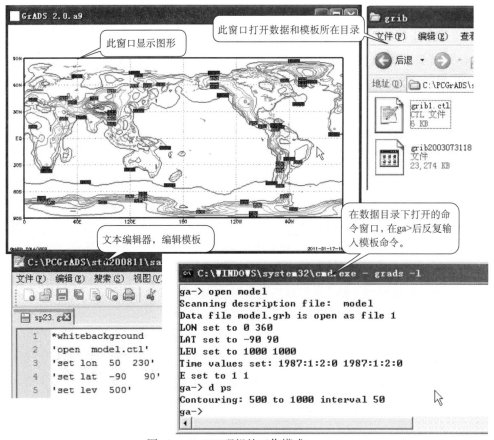

图3.1　GrADS理想的工作模式

行下一个模板或重复运行。当然也可以把 **reinit/reset/c** 直接写在模板的第一行，但不建议采用。因为在后面我们讲到的模板间还可以相互调用，用不同的文件来区分绘图功能，使组织起来的更加复杂的绘图过程更加清晰。而文件间的"清除"命令会使之前的工作全部作废。同样，也不要随便地把 quit 命令写在最后，要想画完图自动退出，请用 -bxcl/-bxcp 参数执行模板。推荐大家使用如图 3.1 的方式工作。打开的文件浏览窗口显示目录中数据文件和针对这些数据所要画图的 gs 脚本文件，直接在数据或模板所在目录下打开命令行窗口并启动 GrADS 画图软件反复运行脚本画图，打开的 Notepad++ 文本编辑器不断地对脚本作编辑修订、添加各项画图功能。

GrADS 图形输出

最后在退出前，如果满意，可把图形存于文件。GrADS 不能直接打印图形，而是先存于文件，再借助其他图像浏览工具输出文件所保存的图形到打印机。

ga->gxprint file.png <white> 存于名为"file.png"的文件 (png 格式，白色底)。

gxprint 命令格式：ga->gxprint file 选项 1，选项 2…

选项：**png** —以 png 格式，存于"file"文件（缺省 :png 格式，还可以是 ps/eps/pdf/svg 等）

　　　white—白色背景。

　　　black—黑色背景。

　　　xnnn，ynnn—输出图形的水平（**xnnn**）和垂直（**ynnn**）大小（**nnn** 点阵单位）。

如：ga->gxprint file.png white x800 y600

如果文件名以".eps"，".ps"，".pdf"，".svg"，".png"结尾，输出文件将自动以相应图形格式存储，无需添加"图形格式选项"。GrADS 输出的图形文件都是通用格式，网上有各种图形软件都能对其编辑加工处理。最后退出系统：

ga->quit

注：不建议把 quit 写在命令文件中，因为你基本不可能一次就把图画好，总要反复调整，进入系统后反复调整比不断重启系统画图要快得多。如果真是想用批处理方法，应采用 -bxcl/-bxcp 参数。同样在文件头写上 reinit/reset/c 等清除命令也要慎重。因为考虑到模板间还可以相互调用，用不同的文件，把绘图过程分出层次，每一个文件可以写的更加简单明了。而"清除"命令都会使之前的绘图努力作废。

● **模板2**

md02.gs 文件清单（对应"例 3"）：

```
*'reinit'
'open   c:/pcgrads/sample/model.le.ctl'
* 注意这里路径的使用与 DOS 不同。
'set    lat   40'
'set    lon  -180  0'
'set    lev  500'
```

```
*'set   t   1'
*'set   ccolor  0'              ;* 设定颜色 [注 1]。缺省取前景色。
*'set   cmark  3'               ;* 设定折线图节点标记 [注 2]。缺省取 2。
*'set   cstyle  1'              ;* 设定线型 [注 3]。缺省取 1。
*'set   cthick  1'              ;* 设定线粗细 [注 4]。缺省取 1。
*'set   grid  on 3 3'           ;* 设定是否画网格线 [注 5]。缺省 grid on。
'd      z'
'gxprint  sp02.png white'       ;* 把图形存于文件
```

[注 1]：颜色取值：见参考手册

[注 2]：标记取值：见参考手册

[注 3]：线型： 见参考手册

[注 4]：线粗细取值：1 ~ 12。

[注 5]：set grid on <线型值> <颜色值>；画网格，并可指定线型和颜色（之一或全部或按缺省）。

   grid horizontal <线型值> <颜色值>；只画水平网格。

   grid vertical <线型值> <颜色值>；只画垂直网格。

   grid off   不画网格。

[注 6] 以 "*" 开始的行表示用户可选择是否使用。许多修饰可首先考虑由 GrADS 自行决定，如不满意，再由用户自定义，以免画蛇添足。

● 模板3

md03.gs 文件清单（对应 "例 4"）：

```
'open   model.le.ctl'
*'set   cint  8'                ;* 指定等值线间隔。
*'set   cterp  on'              ;* 样条平滑 "ON" 或 "OFF"。
*'set   csmooth on'
*'set   rgb  16  156 222 33'    ;* 用户自定义颜色 [注 1]。
*'set   rgb  17  156 234 133'
*'set   ccolor 16'
*'set   clab  %.1f'             ;* 等值线标记方式 [注 2]。
*'set   clskip  2'              ;* 每隔一条等值线标记数值。
*'set   clopts  3  0.1  0.2'    ;* 等值线标记的颜色 <粗细 <大小 >>
'd      z/9.8'
'gxprint md03.gif gif white'
  ;
```

[注 1]：'set rgb 用户自定义颜色序号（只能定义 16 到 2047，0 到 15 为系统定义）红

绿 蓝 '。"红 绿 蓝"取值范围 0 ~ 255。

[注 2]：set clab on（等值线标数值）/off（不标记）/forded（强制标记）/%gK（在标记后加上字符 K）/%g%%（加上字符 %）/%•2f(保留 2 位小数)/ %03•1f（整数部分保留 3 为，若不足 3 位，前部用 0 补齐）

● **模板4—画指定值的等值线**

md04.gs 文件清单（对应"例 4"）：

```
'open   model.le.ctl'
'set    clevs 495 523 534 556 560 564 572 584 588'
'set    ccols 1  2  3' ;* 可以分别指定以上每一条线的颜色。这里只为前 3 条等值线指定
                       ;* 了颜色，当指定颜色少于等值线条数时，最后一种颜色适用于超
                       ;* 出的所有等值线。
'd      z/9.8'
 ;
```

● **模板5**

md05.gs 文件清单：

```
'open   model.le.ctl'
'set    black -0.1  0.1'  跳过 −0.1 到 0.1（指 0 线）不画。
*'set   cmin  0'          不画低于 0（含）以下的等值线。
*'set   cmax  0'          不画超过 0（不含）以上的等值线。
*'set   clskip  2'        每间隔 2 条等值线作标注。
'd      hdivg(u,v)*1.e5'  散度
*'set   black off'        black 设置在运行"d"命令后自动设为"off"。
'set    clevs 0'          特别处理"0"线画法。
'set    ccols 1'
'set    cthick 8'
'd      hdivg(u,v)*1.e5'
 ;
```

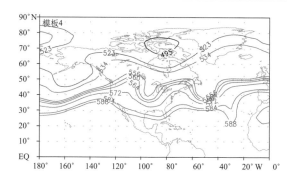

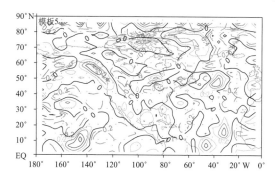

● 模板6—直方图

md06.gs 文件清单（对应"例3"）：

```
'open   c:/pcgrads/sample/model.le.ctl'
'set    lat  40'
'set    lon  -180  0'
'set    lev  500'
 'set   ccolor  3'
 'set   gxout bar'          以直方图方式输出。
'set    bargap 20'          直方图间隔（20%）。
'set    baropts filled'     在直方图中的矩形中填色；"outline"只画矩形框而不填色。
 'set   barbase bottom'     直方图中的矩形从底部向上画；
*'set   barbase top'        "top"从顶部向下画；
*'set   barbase 5500'       "给一数值"，从这一数值开始，大于该值的向上画，小于
                            该值的向下画。


*GrADS 坐标轴设置。GrADS 一般自动设置这些值，但也可由用户自定义。
* "坐标轴"是指输出图面上的 2D 坐标，X 轴指水平轴，Y 轴指垂直轴。
* 与数据中定义的 4D 坐标是两个概念。
'set    xaxis -180 0 20'    设置 X 轴标记范围。[ 注 1]
'set    yaxis 5150 5850 50' 设置 Y 轴标记范围。[ 注 1]
'set    ylint 200'          设置 Y 轴标记间隔。[ 注 2]
'set    xlint 20'           设置 X 轴标记间隔。[ 注 2]
'set    xflip  on'          X 轴翻转。[ 注 3]
'set    yflip  off'         Y 轴翻转。[ 注 3]
'set    xlpos 0 b'          X 轴位置。[ 注 4]
'set    annot 8 8'          图框颜色和线粗细。[ 注 5]
'set    xlopts  4 8 0.2'    X 轴标值的颜色，粗细大小等特性。[ 注 6]
'set    ylopts  8 1 0.1'     Y 轴标值的颜色，粗细大小等特性。
'd    z'

;
```

[注 1]：set xaxis 开始 结束 <间隔 >/ set yaxis 开始 结束 <间隔 >；设置 X 轴 /Y
        轴标记范围，小心！"开始 <结束"；开始—结束范围要与维数参数的范围一
        致（set lon -180 0）。如不一致，图形数据将没有代表性，此时你给什么，它
        标什么，而图形不变。如不能预先定出范围，可先由 GrADS 自己决定或调整
        间隔（xlint/ylint）。使用 xaxis/yaxis 的情况是当你处理非经纬度数据时，你不

想用经纬度来标记你的坐标，而 GrADS 总是把水平坐标处理成经纬度来标记。相应的还有 set xlabs/ylabs 0|3|6|9|12，以用户给定的数值（0，3，6，9，12）标注 X/Y 轴。

[注 2]：set xlint/ylint 间隔，如在此设置间隔，将取代 xaxis/yaxis 设置的间隔。

[注 3]：翻转 X/Y 轴，同时图像也作相应的翻转。

[注 4]：set xlpos offset（+/− 英寸）b（底部）/t（顶部），缺省是在双侧（底部和顶部）都标坐标值。

set ylpos offset（+/− 英寸）1（左）/r（右），缺省是在双侧（左和右）都标坐标值。

[注 5]：set annot 颜色〈粗细〉；边框的颜色和线粗细。

[注 6]：set xlopts/ylopts 颜色 〈粗细 〈大小—英寸〉〉；标记数字的颜色、线粗细和字大小。

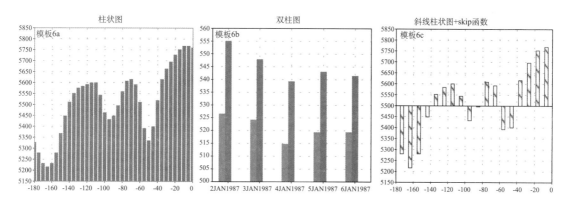

md06b.gs 文件清单（双柱图）：

```
……
;# 第一组柱状图（40°N 绿色）
 'set lat   40'
 'set t    0.5 5.5' ;# 时间设置留出一些富裕。
 'set ccolor  3'
 'd z/9.8'


# 第二组柱状图（50°N 蓝色）
 'set lat 50'
 'set grid off'    ;# 关闭网格线
 'set xlab off'    ;# 关闭 x 坐标标值
 'set t    0.7 5.7' ;# 重新设置时间，是两组柱状图挨着。
```

md06c.gs 文件清单（以斜线格式填充）：

```
……
'set   baropts  filled'          在直方图中的矩形中填色；"outline"只画矩形框而不填色。
'set   barbase  5500'            "给一数值"，从这一数值开始，大于该值的向上画，小于该值
                                 的向下画。

'set rgb 21 0 0 255'             ;＃定义 21 号颜色。
'set tile 7 3 19 16 3 21'        ;＃用 21 颜色定义 7 号格式 (3：反斜线填充；宽 19x 高 16 点阵
                                 大小；线宽 3)。
'set tile 8 4 19 16 3 21'        ;＃用 21 颜色定义 8 号格式 (4：斜线填充；宽 19x 高 16 点阵大
                                 小；线宽 3)。
'set rgb 22 tile 7'              ;＃定义 22 号颜色，实际是用 7 号反斜线格式填充。
'set rgb 23 tile 8'              ;＃定义 23 号颜色，实际是用 8 号斜线格式填充。
# 'set ccolor 22'
 'set ccolor 23'
'd skip(z,2)'                    ;＃23 或 22 号颜色填充，实际 23 颜色代表斜线；22 代表反斜线。

'set baropts outline'           ;＃再设置画外廓线。
'set ccolor 21'                 ;＃用 21 号颜色画线。
'd skip(z,2)'                    ;＃skip 函数，每间隔一个画柱。
```

● 模板7

md07.gs 文件清单：

```
'open  c:/pcgrads/sample/model.le.ctl'
'set    lat    160'
'set    lon    42'
'set    lev   1000 100'
'set    t     3'
# 分左右放置两幅图
'set vpage  0  5.5  0  6'        ;＃设置虚页面大小（英寸）。[ 注 1]
'set xyrev   on'                 ;＃坐标轴对调（'d' 命令后自动失效）。
'set annot   8  8'               ;＃坐标轴特性将一直保持。
'set xlopts  4  1  0.15'         ;＃标记特性将一直保持。
'set ylopts  13  2  0.2'
'set zlog   on'                  ;＃Z 坐标取对数坐标（将一直保持）。
'd  t'
```

（续表）

```
'set    vpage   5.5  11  0  6'
'set    xlint  10'
'set    xlopts  13  1  0.15'      ;＃标记特性。
'set    ylopts  4   2  0.2'
'd      t'
;
```

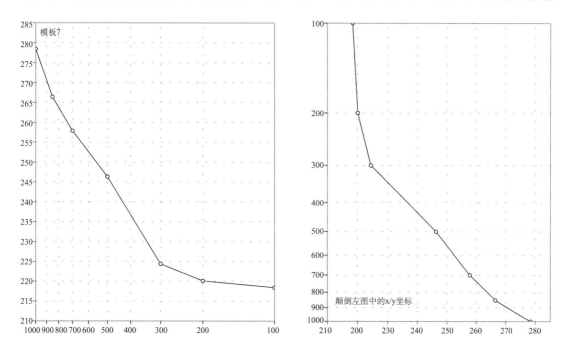

[注1]：一个物理页是指：在 Landscape 模式下水平 11 英寸 × 垂直 8.5 英寸；或在 Portrait 模式下水平 8.5 英寸 × 垂直 11 英寸的区域。用 set vpage 命令可以在一个物理页上分出多个虚页，用户可以在每一个虚页上画图，实现多图同时输出在一个物理页上。

　　　　set　vpage 水平开始　结束　垂直开始　结束

　　用 vpage 设置的区域是最大可绘图区域，所以，绘出的图形一般都比这个区域小一些，因为需留出一些区域用于作标记、图例、logo 等。具体图形的尺寸是由 GrADS 系统内部来确定的，用"q gxinfo"命令你可以得到系统确定的图形矩形框大小的信息，但你基本无法控制这个区域的大小（见附录 1）。用 vpage 设置的区域之间，只要两个区域内的图形不重叠，区域设置可以有部分的重叠。

　　与 vpage 有关还有一个"set parea xmin xmax ymin ymax"的命令，这里的范围也是以英寸为单位，但它们的取值范围是在"虚页"范围。不设置 vpage 时，"实页"＝"虚页"＝"物理页"，而设置了 vpage 后，"实页"≠"虚页"≠"物理页"，而且虚页随 vpage 设置的不同而变化。因此 parea 不能固定设置，要随着 vpage 的设置而变。关于 vpage 设置的虚页大小要通过"q gxinfo"命令获得。以下是 q gxinfo 输出结果：

```
ga-> set vpage 5.5 9.32  0  5       ;* 设置 vpage x 方向 5.5 到 9.32；y 方向 0 到 5 英寸
……
ga-> q gxinfo                       ;* 输入 q gxinfoml
Last Graphic = Line
Page Size = 6.494 by 8.5            虚页尺寸  6.494x8.5 英寸，注意比物理页还大。
X Limits = 1 to 5.994               X/Y Limits 显示的是图框的尺寸，也是虚页坐标
Y Limits = 0.75 to 7.75
Xaxis = Val  Yaxis = Lev
Mproj = 2
Initial Page Size = 11 by 8.5       原始物理页大小  11×8.5 英寸。
```

set_parea.gs—parea 设置工具（在 lib 目录下）

```
function set_parea( args )
# 要在设置完经纬度范围后调用最好
x1  = subwrd( args , 1 ) ;*X- 轴左侧偏移量（缺省："/*）
x2  = subwrd( args , 2 ) ;*X- 轴右侧偏移量（缺省："/*）
y1  = subwrd( args , 3 ) ;*Y- 轴底部偏移值（缺省："/*）
y2  = subwrd( args , 4 ) ;*Y- 轴上部偏移值（缺省："/*）
#### Usage #########################################################
# parae 90% 90%  xy 方向缩 10%                                     #
# parae * * 90%  y 方向缩 10% x 方向不变                           #
# parea 90% 0.1  x 方向缩 10% y 方向底向上抬 0.1 英寸              #
####################################################################
…………
最多可给 4 个参数，用正 / 负英寸表示的相对偏移量；或用百分数表示的缩放比例；
或用 * 表示不变。
```

● 模板8

md08.gs 文件清单

```
'open  c:/pcgrads/sample/model.le.ctl'
'set    lat  0  160'
'set    lon  42'
'set    lev  700'
'set    t    1'
```

（续表）

```
* 分左右放置两幅图。左图中 Y 轴尺度由 GrADS 自定。
'set   vpage  0  5.5  0  6'            ;* 左侧图绘图区。
'd    t'
'set   ylopts  3'                      ;*y 坐标轴数值的颜色—绿色。
'd    z/9.8'

'set   vpage  5.5  11  0  6'           ;* 右侧图绘图区。
'set   missonn on'                     ;* 连接断点。
'set   vrange 240 330'                 ;* 设置 Y 轴的尺度，下限取最小温度，上限取最大位势。
'd    t'
'd    z/9.8'
'cbar_l  -x 2.5 -y 1.5 –t 'temp' 'heigh' '    ;* 标图例。-x 2.5 -y 1.5 为图例位置
                                       ;*–t "temp" "heigh" 标名称。
*cbar_l 的用法参见 lib 目录下的 cbar_l.gs 文件。
 ;
```

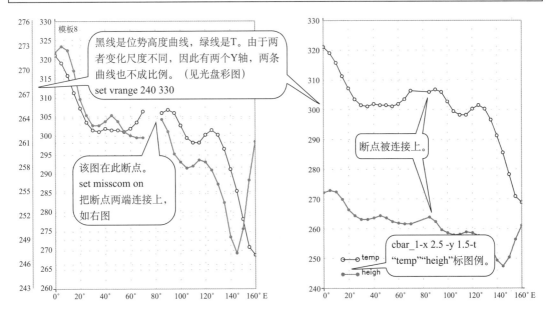

● **模板9——一张图画两条曲线，每条曲线用不同的y坐标。**

md09.gs 文件清单：

```
'open ../model.ctl'
'set lon    0 160'
'set lat    42'
'set lev    700'
```

（续表）

```
'd t'
'set grid off'                  ; * 第二张图不画坐标网格线。
'set ylopts 3'                  ; *y 坐标轴数值的颜色—绿色。
'set ylpos 0.0 r'               ; *y 轴画在右侧。
'd z/9.8'
'cbar_l -x 2.5 -y 1.5 -t "temp" "heigh"'
;
```

● **模板10——一张图分上下画两条曲线，每条曲线用不同的y坐标。**

md10.gs 文件清单：

```
'open model.ctl'
'set lon   0 160'
'set lat   42'
'set lev   700'
'set vrange 240 340'            ; * 设置第一条曲线 Y 坐标的尺度。
'set ylpos 0.0 l'               ; * 在左侧画 y 轴。
'set ylevs 240 250 260 270 280' ;* 指定 y 坐标标注的数值（缺省在左侧画 y 轴）。
'd t'
'set vrange 200 340'            ; * 设置第二条曲线 Y 坐标的尺度。
'set ylopts 3'
'set ylpos 0.0 r'               ; * 在右侧画 y 轴。
'set ylevs 260 280 300 320 340' ; * 指定 y 坐标标注的数值（绿色）。
'd z/9.8'
'cbar_l -x 2.5 -y 1.5 -t "temp" "heigh"'
;
```

● **模板11—误差曲线，端绪图**

md11_errbar.gs 文件清单：

```
'whitebackground  -1'
* Demonstrates how to use gxout bar and errbar to draw a box and whisker plot
'open model.ctl'
* pick a variable and an area, in this case surface temperature in central US
var='ts'        ; * 选取地面温度。
minlat='30'     ; * 选取一个区域。
maxlat='50'
```

（续表）

```
minlon='-110'
maxlon='-80'
tlast=5

* define variables: mean, plus 1 stddev, minus 1 stddev, min, max,
'set x 1'
'set y 1'
'set t 1 'tlast    ; *1~5 天的误差曲线
'define mean = tloop(aave('var',lon='minlon',lon='maxlon',lat='minlat',lat='maxlat'))'
'define pstd = mean + tloop(aave(sqrt(pow('var'-mean,2)),lon='minlon',lon='maxlon',lat='minl
at',lat='maxlat'))'
'define mstd = mean - tloop(aave(sqrt(pow('var'-mean,2)),lon='minlon',lon='maxlon',lat='min
lat',lat='maxlat'))'
'define vmax = tloop(max(max('var',lon='minlon',lon='maxlon'),lat='minlat',lat='maxlat'))'
'define vmin = tloop(min(min('var',lon='minlon',lon='maxlon'),lat='minlat',lat='maxlat'))'
* set up the plot
'set vrange 260 300'              ; *y 坐标范围。
'set t 0.5 'tlast+0.5            ; * 重新设置时间，注意开始与结束并不在网格点上。
# 以下 4 句话修改 x 轴标注方式。
 'set xlpos 0 b'                 ; * 只在 x 坐标下部标值。
 'set xaxis 0.5 5.5'            ; *x 轴取值从 0.5 ~ 5.5。
 'set xlint 1'                  ; *x 轴标值间隔。
 'set xlabs 2|3|4|5|6Jan1987'   ; * 按指定方式标 5 个值。
* draw error bars spanning the range from the min/max values
'set gxout errbar'             ; * 画误差线。
'set bargap 80'               ; * 影响"水平线"长度。
'd vmin ; vmax'               ; * 画误差线范围从最小值到最大值，两端带水平线。

* draw bars centered on the mean, spanning the range from plus/minus 1 standard deviaton
'set gxout bar'              ; # 画 bar。
'set ccolor 3'              ; # 绿框。
'set bargap 80'            ; # 影响"矩形"宽度。
'set baropts filled'       ; # 填色矩形。
'd mstd ; pstd'           ; # 最小，最大值 矩形高度。

* draw yellow line showing the mean values
'set gxout line'           ; # 画线
```

（续表）

'set ccolor 7'	;# 黄色。
'set cmark 0'	;# 不作节点标志。
'set cthick 6'	;# 线粗细。
'd mean'	;# 画 5 天的平均曲线，黄线。

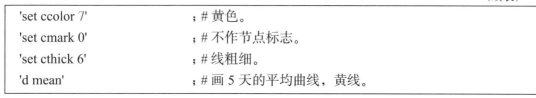

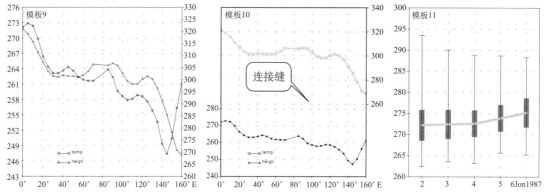

● 模板12—模板间的相互调用

模板 12 举例设计一个模板来组织调用其他已编好的绘图模板，以达到在一幅纸面上绘制多幅图的目的。另外也可以通过文件区分绘图分层，使绘图过程更加清晰。

md12.gs 文件清单：

```
'set vpage 3  8  0  3.4'
   'set digsize 0.04'
   '../01_ 入门 _ 手动输入的例子 /sp20'

'set vpage 3  8  3.3  6.7'
   'set strmden 3'  ;* 在 sp19.gs 外部设置画图属性。
   'run ../01_ 入门 _ 手动输入的例子 /sp19'

'set vpage 3  8  6.6  10'
   'set arrlab on'
   'run ../01_ 入门 _ 手动输入的例子 /sp18'
```

sp18.gs 文件清单

'open c:/pcgrads/sample/model.ctl'	;* 对于 vector 或 barb 等图形当网格太密时，可通过
'set lon -180 0'	;*skip 函数调整密度。skip(变量名，X_skip,Y_skip),
'set lat 0 90'	;* 通过控制 "X_skip,Y_skip" 的数值来决定 X 和 Y 方
'set lev 500'	;* 向的取样密度（1 可省略）。上例表示 u,v 在 X 和 Y

（续表）

```
'set  gxout  vector'                          ;＊方向每隔一点取值。
'd  u；v；q'
*'d  skip(u,2,2)；skip(v,2,2)；q'
；
```

sp19.gs 文件清单

```
"open  c:/pcgrads/sample/model.ctl'
'set  gxout  stream'
'd  u；v；q'
；
```

sp20.gs 文件清单

```
'open  c:/pcgrads/sample/model.ctl'
'set  gxout  barb'
'd  u；v；q'
；
```

　　sp18.gs，sp19.gs，sp20.gs 每个都可以单独执行，并得到一幅图，在 md12.gs 设置 3 块
绘图区域，分别调用 sp18.gs，sp19.gs，sp20.gs，把它们画在一张纸上。

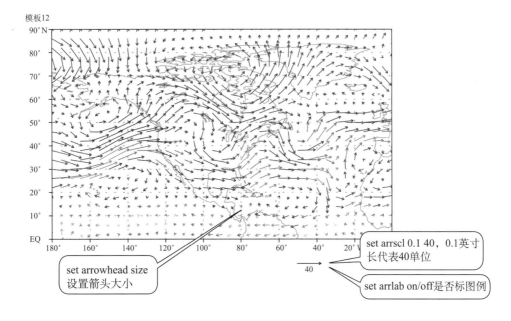

模板12

set arrowhead size
设置箭头大小

set arrscl 0.1 40，0.1英寸
长代表40单位

set arrlab on/off是否标图例)

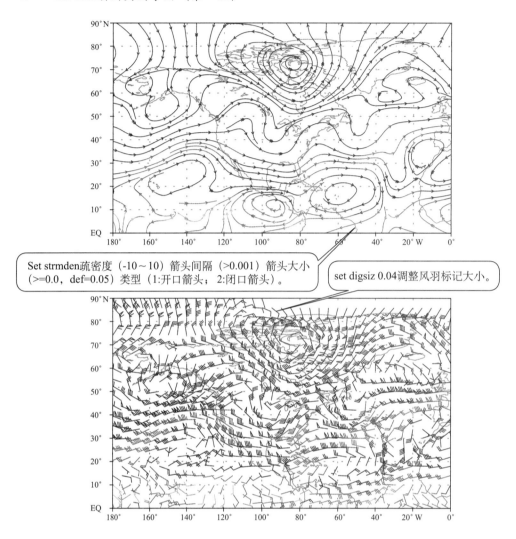

Set strmden疏密度（-10～10）箭头间隔（>0.001）箭头大小（>=0.0，def=0.05）类型（1:开口箭头；2:闭口箭头）。

set digsiz 0.04调整风羽标记大小。

● 模板13—曲线间填色

md13.gs 文件清单：

```
'open  model.le.ctl'
'set  lon  0  180'
'set  lat  30'
'set  lev  500'
'define  zv=ave(z/9.8,lat=20,lat=40)'  ；* 定义 zv 代表 20~40N 纬度带间的平均位势高度。
'set  gxout  linefill'
* set  lfcols 2 3'
'd  z/9.8 ；zv'
* 在 z/9.8 和 zv 两条曲线间填色。当 z/9.8<zv 时用红色（2）；当 z/9.8>zv 时用绿色（3）。
（见光盘彩图）
```

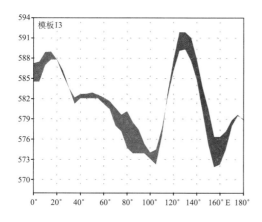

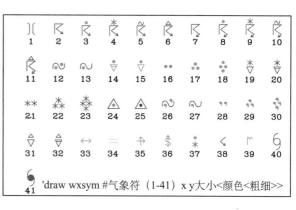

● **画气象符号—调用wxsym.gs（在lib目录下）：**

> **draw wxsym 气象符＃（1-41）x y 大小　＜颜色　＜粗细＞＞**
>
> 颜色取负值时表示将由系统自定。预知每个符号的图形，运行 ga->run wxsym. gs，结果如上。

● **模板14—基本绘图指令的使用方法**

md14.gs 文件清单

* 以下给出 GrADS 一组基本绘图指令的使用方法。

* 第一组：写字串
'set font 2'　　　　　　　;* 选择字型库（0－5）
'set string 1 c 2 45'　　;* 设置字串的颜色、位置、粗细、角度。
'set strsiz 0.3 0.6'　　　;* 字水平大小、垂直大小。
'draw string 8 3 firt group' ;* 在（8,3）位置写字符串"firt group"。
位置可先运行 'q pos' 等命令来决定。
'draw string 2 0.5 140`3.`1E' ;* 在 draw 命令中改变字体，`3 表示其后用 3 号字体"."代表的符号。（见 font.gs 节）；之后再转为 1 号字体写英文字母 E。
'draw string 5 0.7 2`a3`n' ;* 写上标"3"（2^3），"n"结束上 / 下标。注意区分"`"和"ᵗ"的区别。
'draw string 7 0.7 P`bs`n' ;* 写下标"s"（P_s）。
'draw title first line\second line' "\"起分行作用。

* 第二组：基本图形
'set line 3 4 6'　　　　　　;* 设置线的颜色、线型、粗细。
'draw line 3 4 5 7'　　　　;* 从（3,4）到（5,7）画直线。

（续表）

'draw rec 3 4 5 6'	;* 画矩形 (3,4),(5,6) 对角点。
'draw recf 2 2 3 3'	;* 画填充色矩形（当前线色）。
'draw mark 10 6 7 0.5'	;* 在（6,7）作大小为 0.5 的标记，标记号为 5。
'draw polyf 5 1 6 2 6 4'	;* 画填充多边形。
'draw wxsym 2 7 7 0.5 -1 8'	;* 在（7,7）位置画大小为 0.5 颜色为 -1 粗细为 8 的气象 ;* 符号 =2。

有以下几种方式可以用来决定写字符串时的位置 (英寸表示的实页平面点)：

● q pos'　　　　　命令的返回信息中可以得到位置参数 (英寸表示的实页或虚页平面点)。
● q w2xy lon lat　命令将图中用经、纬度表示的点换算成用英寸表示的实页平面点。
● q xy2w x y　　　将实页坐标（英寸）换算成用经、纬度表示的世界坐标。
● q pp2xy　　　　将虚页坐标（英寸）换算成用实页坐标（英寸）。
● q gr2xy x y　　　将图中用网格坐标表示的点换算成用英寸表示的实页平面点。

GrADS 基本绘图指令中用到的位置参数都是用英寸表示的虚页点。当采用 vpage 设置后图形不一定准确，可以采用相对位置，即用经、纬度或网格坐标，然后用 q w2xy 或 q gr2xy 作转换，这样能保证实页和虚页中得到的结果一致。具体可以参考 md14c.gs 模板。

'set rbcols 9 14 4 11 5 13 3 10 7 12 8 2 6' 设置彩虹色。GrADS 中的多彩图形都是以此彩虹色—rainbow 输出的。但用户也可自定义。另外与此相关的命令还有：set ccolor rainbow 使用彩虹色；set ccolor rerain 使用反序的彩虹色；set rbrange low high/set rbrange high low 使用彩虹色时，彩虹序列的低值对应等值线的低值，高值对应等值线的高值 / 彩虹序列的低值对应等值线的高值，高值对应等值线的低值。

set strsiz 字水平大小 ＜垂直大小＞
set line 线的颜色 ＜线型 ＜粗细＞＞
set string 字串的颜色 ＜位置 ＜粗细 ＜角度＞＞＞
位置取以下值：**tl/tc/tr/l/c/r/bl/bc/br**

位置参数所代表的意义示意图

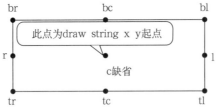

其中，c 代表以起点位置居中；r 表示"向右对齐起点"，实际是向起点左侧写等。角度取正值逆时针，取负顺时针转。

● 新增基本绘图功能—md14a.gs文件清单

'draw curve 1 1 3 1 3 3'	;# ① 3 点（英寸）定一弧线

---
1 英寸 =2.54cm。

```
'draw arcs 7 4 5'                        ; # ② Big circle
'draw arcs 4 4 1'                        ; # ③小圆 circle
'draw arcs 4 4 1 1.0 0.7 60'             ; # ④椭圆 顺时针转 60 度
'draw arcs 5 4 1 1 1 0 0 80'             ; # ⑤圆弧 0~80 度，顺时针  rd<0 逆时针；反之，
                                             顺时针
'draw arcs 7 6.5  1 1.0 0.7 60 0  80'    ; # ⑥椭圆弧

'draw curvef  3 1  4 1 5 3'              ; # ⑦ 3 点定一填色弧线
'draw arcsf 5 6 -1 1.0 0.7 40 0 40 '     ; # ⑧填色椭圆 rd<0 逆时针
'set line 5'
'draw arcsf 5 6 1 1.0 0.7 40  0 40'        ; # ⑧填色椭圆 顺时针

  'set string  1  c  2  0' ; 'draw string 4 5.0      ③小圆 '
  'set string  1  c  2  45' ; 'draw string 2.6 1.5    ① 3 点定一弧线 '
  'set string  1  c  2  90' ; 'draw string 1.8 3.9    ②大圆 '
  'set string  1  c  2 -60' ; 'draw string 3.5 3.5    ④椭圆 '
  'set string  1  c  2  49' ; 'draw string 5.9 3.3    ⑤圆弧 '
  'set string  1  c  2 -30' ; 'draw string 6.7 5.5    ⑥椭圆弧 '

  'set string  1  c  2  45' ; 'draw string 4.6 1.5    ⑦ 3 点定一填色弧线 '
  'set string  1  c  2  0 ' ; 'draw string 5.2 6.9    ⑧填色椭圆 顺时针 / 顺时针 '

#draw arcs x  y  rd <xscale> <yscale> <rorate>  <ang1>  <ang2>
#       圆心 半径  x/y 缩放比 (1:1)  偏转角 :(00) 起始角 (0) 终止角 : 度 (360)。  rd<0 逆
时针；反之，顺时针

'draw elbowf 7.6 2.8 1 0.5 1 1 0  40 90'    ; # ⑨填色圆环
'set line 3 1 5'
'draw elbowf 7.6 2.8 1 0.5 1 1 0  90 190'   ; # ⑩
'set line 4 1 5'
'draw elbowf 7.6 2.8 1 0.5 1 1 0  190 40'   ; # ⑪
'set line 2 1 9'
'draw elbow  7.6 2.8 1 0.5 1 1 0  190 40'   ; # ⑫不填圆环
'draw elbowf 7.6 4.8 1 0.0 1 1 0  190 40'   ; # ⑬填扇形

'set line 1'
'set string  1  c  2  10 ' ; 'draw string 7.9 2.0      ⑨ '
```

（续表）

```
'set string  1  c  2 -20 ' ；'draw string 7.0 2.2      ⑩ '
'set string  1  c  2   0 ' ；'draw string 7.5 3.5      ⑪ '
'set string  1  c  2   0 ' ；'draw string 7.5 3.9      ⑫不填圆环 '
'set string  1  c  2   0 ' ；'draw string 7.5 5        ⑬填扇形 '


#draw elbowf/elbow x  y  rd1  rd2 <xscale>  <yscale>  <rorate>  <ang1>  <ang2>
#          圆心 外径 内径  x/y缩放比(缺省：1:1) 偏转角:(0) 起始角(0) 终止角:度(360)。
```

模板14

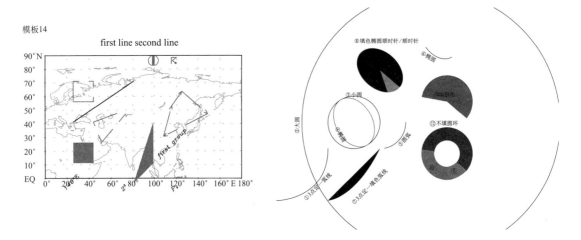

● 交互式绘图命令—rband.gs文件清单：橡筋线

'sdfopen ../model.nc'

```
### 16 #####
 'draw rbrec' ；# 画橡筋盒子
### 17 #####
 'draw rbrecf' ；# 画填色橡筋盒子
### 18 #####
 'draw rbcircle' ；# 画橡筋圆
### 19 #####
'draw rbline' ；# 画橡筋线 多次用鼠标左键点击和 / 或拖动鼠标画折线。点击鼠标右键
结束画折线。
   say result ；# 输出每条线段的坐标（英寸）。
### 20 #####
'draw rb2spline ' ；# 画橡筋二次样条曲线。
   say result ；# 输出每条线段的坐标（英寸）。
### 21 #####
```

```
'draw rb3spline '  ；# 画橡筋 3 次样条曲线。
  say result  ；# 输出每条线段的坐标（英寸）。
### 22  #####
#'set rband 1 box 2 2 6 6'  ；say 'set rband=='result
'set rband 1 line'          ；# 不带参数时，表示在所有可用区域内画橡筋线 / 盒子。
 'q pos'  ；
  say result
x =subwrd(result, 3)  ；y  =  subwrd(result, 4)
x1=subwrd(result, 8)  ；y1 =  subwrd(result, 9)
res=sublin(result,2)
ln1=subwrd(res, 4)  ；lt1  =  subwrd(res, 5)
ln2=subwrd(res, 7)  ；lt2  =  subwrd(res, 8)


if( 10 )
# 如果设置了虚页，要虚页 -> 实页
  'q pp2xy 'x' 'y
  x = subwrd(result,3 )  ；y = subwrd(result,6)
  'q pp2xy 'x1' 'y1
  x1 = subwrd(result,3 )  ；y1 = subwrd(result,6)
endif


if( 0 )
# 如果设置了虚页，要经纬度 -> 实页
  'q w2xy 'ln1' 'lt1  ；say result
  x = subwrd(result,3 )  ；y = subwrd(result,6)
  'q w2xy 'ln2' 'lt2  ；say result
  x1 = subwrd(result,3 )  ；y1 = subwrd(result,6)
endif


 'set string  1  1  2  0'  ；
'draw mark 2 'x' 'y' 0.1'
'draw mark 2 'x1' 'y1' 0.1'
'draw string ' x 'y+0.1' q pos 获取橡筋线起点 / 终点位置的英寸和经纬度坐标 '
'draw string ' x 'y-0.1' 起点 =( 'ln1' , 'lt1' )'
'draw string ' x1' 'y1  ' 终点 =( 'ln2' , 'lt2' )'
'draw line 'x' 'y' 'x1' 'y1
#'close 1'
```

● 交互式定锋面—**rbdraw_front.gs**文件清单：

```
'sdfopen ../model.nc'
  'set lon 25 265'
  'set lat 0 90'
   'set mproj lambert'
  'set mpvals 70  120  10 60'
  'd  ps'

  'draw front c  b2 2'  ；#冷锋

  'draw front w  b2 2'  ；#暖锋

  'draw front cw b2 2'  ；#冷暖锋

  'draw front o  b2 2'  ；#固囚锋
# 'draw front c/w/cw/o    <b2/b3>        <n>'
#              2次/3次样条(b2)  标符号个数 <2>
  ；
```

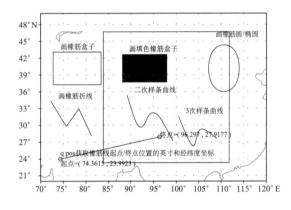 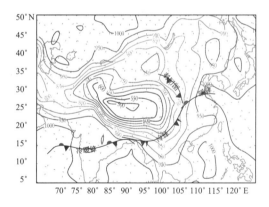

● 中文文字显示

Font1.gs 文件清单

```
#UTF-8 此文件一定要以"UTF-8 无 BOM 编码格式"保存
  GADDIR=math_getenv(GADDIR)           获取环境变量的值
# 'set font 13 file C:/Programs/pcgrads/dat/STFANGSO.TTF'
  'set font 13 file 'GADDIR'/STFANGSO.TTF'  设置第 13 号字库指向 STFANGSO.TTF
                                        （仿宋体）
```

（续表）

'set font 14 file 'GADDIR'/STXINGKA.TTF'　　设置第 14 号字库指向 STXINGKA.TTF
　　　　　　　　　　　　　　　　　　　　　（楷体）
　'set font 13'　　　　　　　　　　　　　　　设置缺省字体 =13 号字体
　'set vpage 0 5 0 8.5'

GrADS 系统自带 6 种字体，放在 dat 目录中。除此之外，用户可以自定义字库。这里用到的字库直接取自 Windows 系统的 Windows\Fonts 目录下，并把它们存在 dat 目录下。其实不限于 Windows 系统，也不限于 TTF 字体，各种系统下的通用字体、符号等大家都可以尝试使用。

　'draw title 中文标题 first line\'f14 第二行华文行楷 '
　'draw xlab 经度 Longitude'1(`3.`1)'
　'draw ylab 纬度 Latitude('3.'f13)'
　'draw string 0.4 '7.5' 能书写中文的 gs 文件 '
　'draw string 0.4 '7.5-0.25*4/3' 一定要按 UTF-8 格式保存 '
　'draw string 0.4 '7.5-0.50*4/3' 可直接用 Windows 系统的字库 '
'set font 13'
'set strsiz 0.25'
'set string 12 l'
　str ='Regular 中文★℃ ˚Fm^2% % 乄 '
　'draw string 0.0 7.5 'str
　str ='f14 华文行楷 English 汉字串 '
　'draw string 0.0 '7.5-0.25*4/3' 'str
　'set font 22 file batang.ttc'　　　　　;＃韩文
　'set font 23 file arabtype.ttf'　　　　　;＃阿拉伯文
　'set font 24 file rod.ttf'　　　　　　;＃希伯莱
　'set font 25 file himalaya.ttf'　　　　　;＃藏文 输出有问题 不画图时可以写藏文
　str ='multi-language English 中文 '
'draw string 0.0 6.7 'str
　str='Francais: Français Conférence Paris Climat'
'draw string 0.0 ' 6.7-dy' 'str
　str='Deutsch: Schriftgröße Gesprächen'
'draw string 0.0 ' 6.7-2*dy' 'str
　str='Spanish: España INFORMACIÓN '
'draw string 0.0 ' 6.7-3*dy' 'str
　str="Italy: visto d'ingresso per l'Italia"
'draw string 0.0 ' 6.7-4*dy' 'str
　str =' 日文：さくら '
　'draw string 0.0 ' 6.7-5*dy' 'str

（续表）

```
     str ='韩文：'f22   외교부 '
 'draw string  0.0 ' 6.7-6*dy' 'str
     str = 'f14 维语：'f23 ئۇيغـــۇر '
 'draw string  0.0 ' 6.7-7*dy' 'str
     str = 'f13 阿拉伯文：'f23 بـاك ميـونج لـي '
 'draw string  0.0 ' 6.7-8*dy' 'str
     str = 'f13 希伯莱：'f24 עִבְרִית '
 'draw string 0.0 ' 6.7-9*dy' 'str
   str = 'f13 特殊符号：'f13 ☞αζρπ♥✔☀  'f13only Win7 HD 版 '
 'draw string  0.0 ' 6.7-11*dy' 'str
   str = 'f13 藏文 'f25 བོད་ཡིག་བོད་སྐད '
 'draw string  0.0 ' 6.7-10*dy' 'str
```

能书写中文的gs文件
一定要按UTF-8格式保存
可直接用Windows系统的字库

Regular 中 文 ★ ℃ °F ㎡ ‰% ↗ ↙
华文行楷 *English* 汉字串
multi-language English 中文
Francais: Français Conférence Paris Climat
Deutsch: Schriftgröße Gesprächen
Spanish: España INFORMACIÓN
Italy: visto d'ingresso per l'Italia
日文: さくら
韩文: 외교부
维语: روغ ي وئ
阿拉伯文: كاب ج نويم يل
希伯莱: ת י . ר . ב . ע
藏文 བོད་ཡིག་བོད་སྐད
特殊符号: αζϱ♥   only win7 HD 版

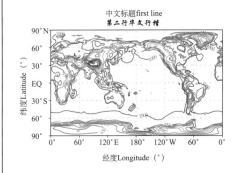

中文标题first line
第二行华文行楷

● 地图投影

```
  mollweide.gs—7 种投影

'sdfopen ../model.nc'
'set lev 200'
if( case=1 | case>30 ) ; # 卫星示图投影 等值线
```

```
    if( case>33 )；'set vpage  5.5 8.27  0  2.75'；endif  ；# 左下 1/4
    'set mproj sat 120 65'   卫星投影  120 65 是星下点坐标（缺省：0°，65°N ）
    'set lon 0  360'
    'set lat -90  90'
     basemap_shp
    'set lon 0  180'
    'set lat 0  90'
     'd  z/10'
     'draw title satellite 8'
endif
if( case=2 | case>30 )；#
    if( case>33 )；'set vpage  8.25 11  0  2.75'；endif  ；# 左下 1/4
    'set mproj orth 110'  ；# orthograpgice 投影  中心点经度：东经 110°度（缺省：0°）
    'set lon 0  360'
    'set lat -90  90'
    basemap_shp
    'set gxout contour'
    'set lon 0  180'
    'set lat -60  90'
    'draw title orthograpgice  7'
endif
if( case=3 | case>30 )；#
    if( case>33 )；'set vpage  5.05 11  5.6  8.5'；endif  ；# 左下 1/4
    'set lon 0  360'
    'set lat -90  90'
    'set mproj moll 110'  ；# mollweide 投影  中心点经度：东经 110°度（缺省：0°）
     basemap_shp
    'set gxout contour'
    'set lon 0  180'
    'set lat 0  90'
     'd  z/10'
     'draw title mollweide 6'
endif
if( case=4 | case>30 )；#
    if( case>33 )；'set vpage  5.05 11  2.8 5.7'；endif  ；# 左下 1/4
    'set lon 0  360'
    'set lat -90  90'
```

```
    'set mproj hammer 110' ;# hammer 投影    中心点经度：东经 110°度（缺省：0°）
     basemap_shp
    'set gxout contour'
    'set lon 0  180'
    'set lat 0  90'
    'd  z/10'
    'draw title hammer 9'
endif
if( case=5 | case>30 ) ;#
    if( case>33 ) ; 'set vpage  0 5.5  0  2.2 ' ; endif   ;# 左下 1/4
    'set lon 0  360'
    'set lat -90  90'
    'set mproj arm 120 20' ;# Armadillo 投影（中心经度，中心纬度，缺省：0°，20°N）
     basemap_shp
    'set gxout contour'
    'set clab masked'
    'd  z/10'
    'draw title Armadillo +20’ 3.’ 1N 10'
endif
if( case=6 | case>30 ) ;#
    if( case>33 ) ; 'set vpage  0 5.5  2.1 4.3 ' ; endif   ;# 左下 1/4
    'set lon 0  360'
    'set lat -90  90'
    'set mproj arm 120 -20'  ;# Armadillo 投影
     basemap_shp
    'set gxout contour'
    'd  z/10'
    'draw title Armadillo -20’ 3.’ 1S 10'
endif
    if( case>33 ) ; 'set vpage  0 5.5  4.2 6.4' ; endif   ;# 左下 1/4
    'set lon   0  360'
    'set lat -90  90'
    'set mproj wan 110'  ;# Wangner 投影（中心经度，缺省：0°）
     basemap_shp
    'set gxout contour'
    'set lon 0  180'
    'set lat 0  90'
```

（续表）

```
    'd  z/10'
    'draw title Wagner VI 11'
endif
if( case=8 | case>30 ) ; #
    if( case>33 ) ; 'set vpage  0 5.5  6.3  8.5' ; endif   ; # 左下 1/4
    'set mproj rob 110'  ; #  mollweide 投影（中心经度，缺省：0°）
     basemap_shp
    'set gxout contour'
    'set lon 0  180'
    'set lat 0  90'
    'd  z/10'
    'draw title Robinson 5'
endif
```

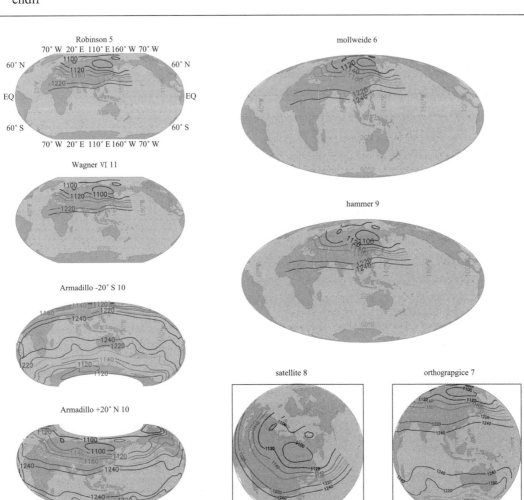

● 兰勃托和极射投影的两种显示方式

Lambert.gs—扇形和矩形显示 lambert 和极射投影

```
'sdfopen ../model.nc'
'set lev 200'


if( 10 )    nps 极射投影，扇形区域
    'set vpage 0 5.5 0 4.25'
    'set lon  80  140'
    'set  mproj nps'
    'set lat  0  60'
    'd z '0
#   lab_latlon ；# 标经纬度工具，在：lib/lab_latlon.gs
    'draw title 'f24nps 扇形图 '
Endif


if( 10) nps 极射投影，矩形区域
    'set vpage 5.5 11 4.25 8.5'
    'set  lon  0  230'
    'set  lat -20  90'
    'set  mpvals 80 140  0 60'   ；# 实际绘图区域，比此 lon/lat 设置范围要大些。
    'set  mproj nps'         显示出矩形画图区域
    'd z '
#   lab_nps ；# 标经纬度工具，在：lib/lab_nps.gs
    'draw title 'f24nps+mpvals 矩形 '
    'set mpvals off'
Endif


if( 10 ) Lambert 投影，扇形图 '
    'set vpage 0 5.5 4.25 8.5'
    'set lon  80  140'
    'set lat  -60  0'
    'set  mproj lambert'
    'd z '
#   lab_latlon
    'draw title 'f24lambert 扇形图 '
Endif
```

（续表）

```
if( 10) Lambert 投影，矩形区域
    'set vpage 5.5 11 0 4.25'
    'set lon   0    280'
    'set lat  -90   20'
    'set   mpvals 80 140 -60 0'   ；# = 实际绘图区域，比此 lon/lat 设置范围要大。
    'set   mproj  lambert'
    'd z '
#   lab_nps
    'draw title 'f24 南半球 lambert+mpvals 矩形 '
endif
```

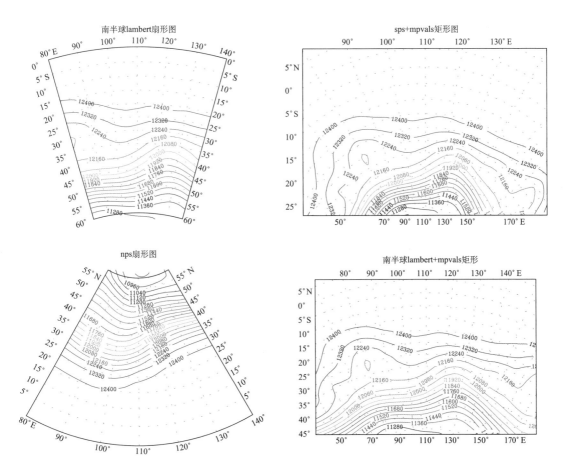

● 卫星投影处理矢量标量—Satellite.gs

```
'sdfopen ../model.nc'    ; *
'set lev 200'
    dlon=360
    ln1 =-180
    ln1 =-90
    ln2 = ln1 + dlon
    lnref = 20
    'set lon 'ln1' 'ln2
if( case= 1 | case=all ) ; # 卫星示图投影 等值线
    if( case=all ) ; 'set vpage 0 3.66 4.25 8.5' ; endif
    'set gxout contour'
    'set mproj sat    20 60'
    'd  z/10'
    'draw title 'f24 例 1：等值线 '
endif

if( case=2 | case=all ) ; # 卫星示图投影 流线
    if( case=all ) ; 'set vpage 3.66 7.33 4.25 8.5' ; endif
    'set gxout stream'
    'set mproj sat 20 60' ; # 卫星示图投影
    'd  u ; v ; z/10'
    'draw title 'f24 例 2：流线 '
endif
if( case=3 | case=all ) ; # 卫星示图投影 矢量
    if( case=all ) ; 'set vpage 0 3.66 0 4.25' ; endif
    'set gxout vector'
    'set mproj sat   20 60' ; # 卫星示图投影
    'd  u ; v ; z/10'
    'draw title 'f24 例 3：矢量 '
endif
if( case=4 | case=all ) ; # 卫星示图投影 风羽
    if( case=all ) ; 'set vpage 3.66 7.33 0 4.25' ; endif
    'set gxout barb'
    'set digsiz 0.024'
    'set mproj sat        20  60' ; # 卫星示图投影
```

（续表）

```
    'd u；v；z/10'
    'draw title 'f24 例 4：风羽 '
endif
if( case=5 | case=all )；#
    if( case=all )；'set vpage 7.33 11 0 4.25'；endif
    'set gxout shaded'
    'set mproj sat  20  60'
    'd  z/10'
    'draw title 'f24 例 5：填色 '
endif
  ；
```

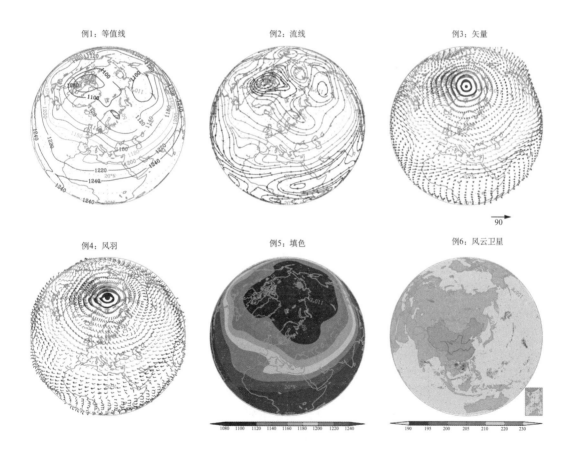

例1：等值线　　　　　　　　　例2：流线　　　　　　　　　例3：矢量

例4：风羽　　　　　　　　　例5：填色　　　　　　　　　例6：风云卫星

● 颜色和彩虹色系设置

define_colors_test.gs

```
whitebackground
# 定义 3 种色系。
# 用法；usage: gs->define_colors <参数 1> <参数 2>
# 参数 2：=1: 表示定义颜色系列，并画 colors map 和 rainbow 条；<=0 或不给：只定
义颜色系列，不画 colors map 和 rainbow 条。
# 参数 1 取 = 128 或 143：定义 16 ～ 143 颜色系列；=255：定义 16 ～ 255 颜色；其他
或不给：定义 21 ～ 83 颜色系列。
# http://ncl.ucar.edu/Document/Graphics/color_table_gallery.shtml
# say "usage: 'define_colors <83(default)/<128/144>/255> <alpha> <0(defaut)/1>'"


'set vpage 0 5.5 0 5.0'
'define_colors * * 1'   ;# 定义 21 ～ 83 颜色系列。


'set vpage 0 5.5 2.5 8.5'
'define_colors 128 * 1' ;# 定义 16 ～ 143 颜色系列。


'set vpage 5.5 11 0 6.0'
'define_colors 255 * 1' ;# 定义 16 ～ 255 颜色系列。
  ;
```

调用 define_colors.gs 设置颜色
define_colors.gs（在 lib 目录中）

```
function define_colors( args )
# 定义 3 种色系。文件存放在 lib 目录
# 用法；usage: gs->define_colors <参数 1> <alpha> <参数 2>
# 参数 2—演示参数：=1: 表示显示定义颜色系列，并画 colors map 和 rainbow 条；<=0
或不给：只定义颜色系列，不画 colors map 和 rainbow 条
# 参数 1 取 = 128 或 143：定义 16 ～ 143 颜色系列；
# 参数 1 取 = 255：   定义 16 ～ 255 颜色；
# 参数 1 = 其他或不给：定义 21 ～ 83 颜色系列。
# alpha 透明度参数（缺省：255，不透明），取值从 0~255
# http://ncl.ucar.edu/Document/Graphics/color_table_gallery.shtml
say "usage: 'define_colors <83(default)/<128/144>/255> <alpha> <0(defaut)/1>'"
```

（续表）

```
    defc = subwrd( args , 1 )　 ; * 缺省：83
    alpha= subwrd( args , 2 )　 ; * 缺省：255
    show = subwrd( args , 3 )　 ; * 缺省：0
# say 'defc=='defc'  show='show


    if( valnum(alpha)= 0 ) ; alpha = 255 ; endif
    if( valnum(show) = 0 | show <= 0 ) ; show = 0 ; endif
    if( valnum(defc) = 0 )
    ; #say 'Usage:  define_colors <128/143/255> <alpha:0~255 or negative> <0/1>'
     defc = 83
    endif
    _alfa = alpha
# say 'defc== 'defc' alpha== 'alpha'  show== 'show
    if( defc = 128 ) ; colors16_143( show ) ; endif
    if( defc = 143 ) ; colors16_143( show ) ; endif
    if( defc = 255 ) ; colors16_255( show ) ; endif
    if( defc != 255 & defc != 128 & defc != 143 ) ; colors21_83( show ) ; endif
;
function colors21_83( show_col ) 定义 16~83 号颜色
say 'define  color map from 16 to 83'
'set rgb 16 242 242 242 '_alfa
'set rgb 17 216 216 216 '_alfa
'set rgb 18 191 191 191 '_alfa
'set rgb 19 165 165 165 '_alfa
'set rgb 20 140 140 140 '_alfa
# 色系


*light yellow to dark red
'set rgb 21 255 250 170 '_alfa
. . . . . . . .
*
'set rgb 30 114   114   114 '_alfa
. . . . . . . .
*light green to dark green
'set rgb 31 230 255 225 '_alfa


'set rgb 80 173 216 230 '_alfa  ; * 海
```

（续表）

```
'set rgb 81 210 180 140 '_alfa ; * 陆
'set rgb 82 167 215 255 '_alfa ; * 海
'set rgb 83 199 255 199 '_alfa ; * 陆
;
function colors16_143( show_col )    定义 16~143 号颜色
## 取自 NCL "MPL_jet（128）" Rainbow color tables，128 个颜色
say 'define color map from 16 to 143'
'set rgb 16  126 3   255 '_alfa
·········
'set rgb 143 255 0   0  '_alfa
if( show_col ) ;
  show_color_map( 143 )
  if( valnum( _ymin ) = 0 )
   y0 = 0.5
  else
   y0 = _ymin
  endif
  show_rainbow( 0.5,y0,7, 143)
endif
;
function colors16_255( show_col )
# 取自 NCL "NCV_jet（256）" Rainbow color tables，取掉头 8 个，尾 8 个，共取中间
240 个颜色
say 'define color map from 16 to 255'
'set rgb 16   0 0 159   255 '_alfa
······
'set rgb 255   159 0 0   255 '_alfa
```

　　GrADS 容许用户用"set rgb #颜色号 红 绿 蓝 <透明度>"定义新的颜色，0~15 是系统自定义的颜色，颜色号从 16~2047 可以是用户自定义颜色，并且可以设置颜色的透明属性。还可以设置颜色的 tile 属性，用"样式"—如斜线、方格等，而不是纯色填充区域。颜色号并不一定要是连续数字，系统定义的第 0 号和第 1 号颜色代表了"背景色"和"前景色"，表示两种对比颜色。巧妙地运用"背景色"实际上"跳过"某些区域不填色，或填"透明色"的效果。同样将某些区域填色值取负，表示填"透明色"的效果（另见光盘彩图）。

系统缺省颜色定义（0~15）															
0	1	2	3	4	5	6	7	8	9	10	11	12	13	14	15
用户扩展颜色定义（16~83）															
16	17	18	19	20	21	22	23	24	25	26	27	28	29	30	31
32	33	34	35	36	37	38	39	40	41	42	43	44	45	46	47
48	49	50	51	52	53	54	55	56	57	58	59	60	61	62	63
64	65	66	67	68	69	70	71	72	73	74	75	76	77	78	79
80	81	82	83												

16　　　26　　　36　　　46　　　56　　　66　　　76　　83

系统缺省颜色定义（0~15）															
0	1	2	3	4	5	6	7	8	9	10	11	12	13	14	15
用户扩展颜色定义（16~143）															
16	17	18	19	20	21	22	23	24	25	26	27	28	29	30	31
32	33	34	35	36	37	38	39	40	41	42	43	44	45	46	47
48	49	50	51	52	53	54	55	56	57	58	59	60	61	62	63
64	65	66	67	68	69	70	71	72	73	74	75	76	77	78	79
80	81	82	83	84	85	86	87	88	89	90	91	92	93	94	95
96	97	98	99	100	101	102	103	104	105	106	107	108	109	110	111
112	113	114	115	116	117	118	119	120	121	122	123	124	125	126	127
128	129	130	131	132	133	134	135	136	137	138	139	140	141	142	143

16　26　36　46　56　66　76　86　96　106　116　126　136　143

系统缺省颜色定义（0~15）															
0	1	2	3	4	5	6	7	8	9	10	11	12	13	14	15
用户扩展颜色定义（16~271）															
16	17	18	19	20	21	22	23	24	25	26	27	28	29	30	31
32	33	34	35	36	37	38	39	40	41	42	43	44	45	46	47
48	49	50	51	52	53	54	55	56	57	58	59	60	61	62	63
64	65	66	67	68	69	70	71	72	73	74	75	76	77	78	79
80	81	82	83	84	85	86	87	88	89	90	91	92	93	94	95
96	97	98	99	100	101	102	103	104	105	106	107	108	109	110	111
112	113	114	115	116	117	118	119	120	121	122	123	124	125	126	127
128	129	130	131	132	133	134	135	136	137	138	139	140	141	142	143
144	145	146	147	148	149	150	151	152	153	154	155	156	157	158	159
160	161	162	163	164	165	166	167	168	169	170	171	172	173	174	175
176	177	178	179	180	181	182	183	184	185	186	187	188	189	190	191
192	193	194	195	196	197	198	199	200	201	202	203	204	205	206	207
208	209	210	211	212	213	214	215	216	217	218	219	220	221	222	223
224	225	226	227	228	229	230	231	232	233	234	235	236	237	238	239
240	241	242	243	244	245	246	247	248	249	250	251	252	253	254	255
256	257	258	259	260	261	262	263	264	265	266	267	268	269	270	271

16　36　56　76　96　116　136　156　176　196　216　236　256　271

用"set rbcols 颜色值列表"定义"彩虹色"。颜色值并不是越多越好，同样彩虹的颜色也不是越多越好。要使颜色的等级差别与数据的表现配合的"恰到好处"才能使数据更完美地表现出来。这可能需要用户反复调整。或借鉴已有的经验设置颜色和彩虹色。这方面 NCL 有大量现成的方案可以参考，建议用户自己上网搜索。define_rainbowcolor 工具帮助你从已定义的颜色系列中挑选一组颜色系列来定义彩虹颜色。

define_ rainbowcolor_test.gs 文件清单—借助 define_rainbowcolor.gs 设置彩虹色系

```
whitebackground
 GADDIR=math_getenv(GADDIR)
 'set font 24 file 'GADDIR'/STFANGSO.TTF'
 'set font 1'


第一步：定义颜色
'define_colors 256' ; # 定义 16 ~ 271 颜色系列。


第 1 个例子
'set vpage 0 11 5 6.5'
'set strsiz 0.1'
'define_rainbowcolor 16  271  4  1' ; # 定义 16 ~ 271 rainbowcolor
say 'rainbow color from 16 to 271 skip 4'
'set strsiz 0.15'
'draw string  3.5 1.5 'f24 从 16~271 颜色系中每间隔 4 挑出一个颜色组成一组新的彩虹
色系 '


第 2 个例子
'set vpage 0 11 4 5.5'
'set strsiz 0.1'
'define_rainbowcolor 56 176 4   1'
say 'rainbow color from 56 to 176 skip 4'
'set strsiz 0.15'
'draw string  3.9 1.5 'f24 从 16~271 颜色系中 56~176 每间隔 4 挑出一个颜色组成一组新
的彩虹色系 '


第 3 个例子
'set vpage 0 11 3 4.5'
'set strsiz 0.1'
'define_rainbowcolor -rbl 9,14,4,11,5,13,3,10,7,12,8,2,6   1'
say 'rainbow color from 56 to 176 skip 4'
```

(续表)

```
'set strsiz 0.15'
'draw string  1.9 1.5 'f24 以 -rbl 列表方式定义彩虹色系 '
```

define_rainbowcolor.gs 设置彩虹色系（在 lib 目录中）

```
#function define_rainbowcolor(col1,col2, skip, show , rbcols)
#############################################################################
# 用法 1: 'define_rainbowcolor <col1> <col2> <skip><show>                    #
#         从 col1 到 col2 定义的颜色中，每隔 skip 挑选出颜色，组成新的 rainbow
          colors 色系                                                        #
# 用法 2: 'define_rainbowcolor -rbl 45,49,55,77,99  show                     #
#         按 -rbl 字串给出的颜色号系列定义新的 rainbow colors 色系。例：45 49 55 77
          99'
#                                                                           #
# show    取 0 ( 缺省 ): 表示不画 rainbow 颜色条 ；
#         1: 画 rainbow 颜色条 ( 只为查看 rainbow 颜色设置情况 )              #
# 使用本函数前要先运行 define_colors.gs 定义用户色系。                         #
# col1 ～ col2 表示可以取上面 define_colors.gs 定义的 n 种颜色中的部分来定义新的彩
          虹色。                                                            #
# 用户自定义颜色编号：col1 最小 =16 ；col2 最大 =2047                         #
# 第一个参数特别给：def/default 时 设置恢复到系统缺省 13 种 rainboow colours 设置 #
#                                                                           #
#############################################################################
# 参数可以全省略或给 '*'，如给定参数 5 时，前 4 个参数都可以给 '*'。
# 参数 show 取 1：表示显示 rainbow 色系彩条 ；或给 0/*: 表示不画彩条。
```

从16~271颜色系中每间隔4挑出一个颜色组成一组新的彩虹色系

从16~271颜色系中56~176每间隔4挑出一个颜色组成一组新的彩虹色系

以-rbl 列表方式定义彩虹色系

● 样式填充

GrADS 的新功能容许定义颜色值具有 tile 属性，让用户用"样式"填充。
pattern_fill.gs—9 种填充样式，填色、填 png 格式图片和填阴影线

```
# 在以下多个 1×1 英寸区域内做填充。
'define_colors '              ; # 定义 83 种颜色。
# 图片填充：
'set tile 1 0 rain.png'       ; # 设置 tile=1,type=0,表示将用图片填充（文件名：rain.png）。
'set rgb 90 tile 1'           ; # 用 tile 号定义一种新颜色，颜色号 = 第 90 号颜色。
'draw recf x1 x2 y1 y2 '      ; # 画填色矩形，颜色即为 90 号颜色定义的图片填充到
1×1。
                              ; # 英寸区域 x1,x2,y1,y2 代表所画的矩形坐标。
# 纯色填充：
'set tile 2 1 4 4 3 颜色号 '   ; # 设置 tile=2 ,type=1,表示将用纯色填充 ="颜色号"。
'set rgb 90 tile 2'           ; # 用 tile 号定义一种新颜色，颜色号 = 第 90 号颜色。
'set line 90'                 ; # 设置线的颜色 =90。
'draw recf x1 x2 y1 y 2 '     ;# 画填色矩形,颜色即为 90 号颜色填充到 1×1 英寸区域。

# 圆点样式填充：
'set tile 3 2 4 4 3 颜色号 '   ; # 设置 tile=3，type=2,表示将用圆点填充。
'set rgb 90 tile 3'           ; # 用 tile 号定义一种新颜色，颜色号 = 第 90 号颜色，
                              ; # 实际是圆点。
'set line 90'                 ; # 设置线的颜色 =90。
'draw recf x1 x2 y1 y 2 '     ; # 画填色矩形，颜色即为 90 号颜色代表的圆点填充到
                              ; #1×1 英寸区域。

# 反斜线样式填充：
'set tile 4 3 4 4 3 颜色号 '   ; # 设置 tile=4 ,type=3,表示将用反斜线填充。
'set rgb 90 tile 4'           ; # 用 tile 号定义一种新颜色，颜色号 = 第 90 号颜色，
                              ; # 实际是反斜线。
'set line 90'                 ; # 设置线的颜色 =90。
'draw recf x1 x2 y1 y 2 '     ; # 填色矩形，颜色为 90 号颜色代表的反斜线填充到
                              ; #1×1 英寸区域。

# 斜线样式填充：
'set tile 5 4 4 4 3 颜色号 '   ; # 设置 tile=5，type=4,表示将用斜线填充 .
```

'set rgb 90 tile 5'	;# 用 tile 号定义一种新颜色，颜色号 = 第 90 号颜色，实 ;# 际是斜线。
'set line 90'	;# 设置线的颜色 =90。
'draw recf x1 x2 y1 y 2'	;# 填色矩形，颜色为 90 号颜色代表的斜线填充到 1×1 ;# 英寸区域。
# 菱形网格样式填充：	
'set tile 6 5 4 4 3 颜色号'	;# 设置 tile=6，type=5, 表示将用斜线填充。
'set rgb 90 tile 5'	;# 用 tile 号定义一种新颜色，颜色号 = 第 90 号颜色， ;# 实际是菱形网格。
'set line 90'	;# 设置线的颜色 =90。
'draw recf x1 x2 y1 y 2'	;# 颜色为 90 号颜色代表的菱形网格填充到 1×1 英寸区域。
# 竖线样式填充：	
'set tile 7 6 4 4 3 颜色号'	;# 设置 tile=7 ,type=6, 表示将用竖线填充。
'set rgb 90 tile 6'	;# 用 tile 号定义一种新颜色，颜色号 = 第 90 号颜色， ;# 实际是竖线。
'set line 90'	;# 设置线的颜色 =90。
'draw recf x1 x2 y1 y 2'	;# 颜色为 90 号颜色代表的竖线填充到 1×1 英寸区域。
# 横线样式填充：	
'set tile 8 7 4 4 3 颜色号'	;# 设置 tile=8，type=7, 表示将用竖线填充。
'set rgb 90 tile 7'	;# 用 tile 号定义一种新颜色，颜色号 = 第 90 号颜色， ;# 实际是横线。
'set line 90'	;# 设置线的颜色 =90。
'draw recf x1 x2 y1 y 2'	;# 颜色为 90 号颜色代表的横线填充到 1×1 英寸区域。
# 方格样式填充：	
'set tile 9 8 4 4 3 颜色号'	;# 设置 tile=9 ,type=8, 表示将用竖线填充。
'set rgb 90 tile 8'	;# 用 tile 号定义一种新颜色，颜色号 = 第 90 号颜色， ;# 实际是方格。
'set line 90'	;# 设置线的颜色 =90。
'draw recf x1 x2 y1 y 2'	;# 颜色为 90 号颜色代表的方格填充到 1×1 英寸区域。

下一行的 tile 定义与上稍有不同，产生稀疏填充效果。

'set tile #tile 号 #type 19 9 3 颜色号

用颜色和式样填充

```
 if( 10 ) ;＃左下图
  'set vpage 0  5.5 1 5.5'
  'open ../model.ctl'
  'set lon  0  360'
  'set lat  -90   90'
  'set lev  200'
  'set gxout shaded'
  'set_parea 90%'
  'set mpt * 15 1 1'
  say ' '
  x1 = 2.0 ; y1 = 0.0 ; x2 = x1+0.5 ; y2 = y1+0.5 ; y3 = y1 ; y4 = y3+0.5
  i = 1  ;＃填充格式 号（1 ～ 8）
  while( i < 9 ) ;＃画 8 个方格，填充
#  set tile number type <width <height <lwid <fgcolor <bgcolor>>>>>
   ci = i*6+20 ;＃填充颜色
   j  = i +20
   if( i = 2 )
    'set tile 'j' 'i' 6 6 3 '0
   else
    'set tile 'j' 'i' 6 6 1 'ci
   endif
   rgb = i+90   ; say  'tile='j' type=='i' rgb=== 'rgb' ci=='ci
   'set rgb 'rgb' tile 'j    ;＃定义 91~98 号颜色，并对应 21~28 号 tile 属性
   'set line 'rgb
   'draw recf 'x1' 'y3' 'x2' 'y4  ;＃画 8 个方格，填充 8 种样式
   x1 = x1+0.5+gap ; x2 = x1+0.5
   i = i + 1
  endwhile

   'set rbcols 81 82 91 92 93 94 95 96 97 98'  ;＃用纯色（81,82）和样式（91~98）混合
定义彩虹色
  'd  z/10'
  'q shades'  ; say 'shades='result
  'cbarm'  ;＃水平填色图例
  'close 1'
  'set_parea'
```

```
 'set strsiz 0.23'
 'draw string 5.5 7.5 'f24 用纯色（81,82）和样式（91~98）混合定义彩虹色填充 '
 'set strsiz 0.1'

endif

if( 10 ) ; # 右下图 标准例子
 'set vpage  5.5 11  1 5.5'
 'open ../model.ctl'
 'set lon  0  360'
 'set lat  -90  90'
 'set lev  200'
 'set_parea 90%'

# 'set gxout shaded'
 'set gxout shade2'
* set up a grey scale color sequence with 'set rbcols'
 i = 60
 n = 60
 cmd = 'set rbcols'
 while (i<256)   ; # 定义 60~73 号灰度颜色系列
   'set rgb 'n' 'i' 'i' 'i
   cmd = cmd%' '%n
   fill_box( n ,n-60 )
   i = i + 15
   n = n + 1
 endwhile
 cmd
 if( 10 )
 ; * define 2 colors
 'set rgb 20 255 0 0'   ; # 20 号 红色
 'set rgb 21 0 0 255'   ; # 21 号 蓝色
 'set string 20'  ;  'set strsiz 0.2'
 'draw string 3.5 0.9 color=20'
 'set string 21'
 'draw string 5.5 0.9 color=21'
 'set strsiz 0.1'
```

（续表）

```
; * define 2 patterns
'set tile 40 2 6 6 3 20'  ；# 40 号 tile type=3 颜色 =20
'set tile 41 2 6 6 3 21'  ；# 41 号 tile type=3 颜色 =21
'set rgb 22 tile 40'      ；# 22 号颜色 =tile=40
'set rgb 23 tile 41'      ；# 23 号颜色 =tile=41
endif


; * draw the height field with the gray shades
'd  z'  ；# 用灰度填色
if( 10 )
; * overlay stippled red/blue shading of v greater than 5 and less than -5
'set clevs 5'    ；# v 分量 >5m/s 用 22 号颜色 =tile=40
'set ccols -1 22' 设置颜色负值，5 以上的值填透明色。
'd v'
'set clevs -5'    ；# v 分量 <-5m/s 用 23 号颜色 =tile=41
'set ccols 23 -1' 设置颜色负值，−5 以上的值填透明色。
'd v'
else
'set clevs  -5  5'
'set ccols  23 -1 22 -8'
'd v'
'cbarm'
endif
'set strsiz 0.23'
'draw string 5.5 7.5 'f24 高度场用灰度填色，速度场用红蓝点填充 '
endif
```

用纯色（81，82）和样式（91～98)混合定义彩虹色填充

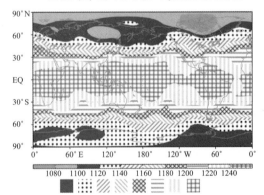

高度场用灰度填色，速度场 用红蓝点填充

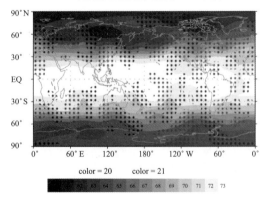

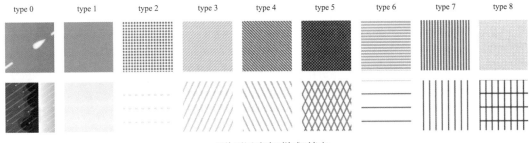

9种不同疏密"样式"填充

3.2 GrADS脚本语言

3.1 节介绍的内容，属于编写脚本的基本内容，基本是罗列各种命令，它相比于"命令交互"方式已很复杂，并确实增加了画图的灵活性。下面将要讲的内容，对脚本的功能做了进一步扩充了。主要是添加了"变量"、"函数"、"条件语句"和"循环"控制等功能。这里只是列出简要提纲，并配以实例，详细的讲解还是请读者仔细查阅网页说明。

前面介绍编写脚本的特点主要是把原来在命令行中，一行一行输入的命令写到文件中，并用单或双引号对括起来即可。因此它即可在命令行下，按交互式方式，一句一句地输入，也可写在文本中，作批处理方式运行。而下面讲到的内容，就只能写在文件中使用。下面主要添加的功能有"变量"、"函数"、"条件语句"和"循环"控制功能等是用括起来。只有 GrADS 的命令要括起来。一行写一条语句。多条语句写在一行时，中间要用"；"分开。变量间需要用空格分开时（如 GrADS 命令的参数间）必需用 ' '—单 / 双引号加 1 个或多个空格，即"强制方式加入空格"，文本中直接输入的空格是无效的。这是 GrADS 脚本语言最容易让人出错的地方。不断的引号开始、结束…，使脚本语句看起来很凌乱、破碎，使读者情绪沮丧。所以请大家仔细推敲"空格"的作用。另外一个非常隐蔽的错误是，GrADS 脚本在书写时可以添加一些空格 (不带引号的)，以增加脚本的美观。但一定要注意，不能在第一列添加"Tab"－即跳格键。一般现在的许多文本编辑软件为了编辑好看和方便，有时都会有自动对齐功能，自动在第一列加上"Tab"键，这会给运行 GrADS 脚本造成很大的麻烦，本书用到的文本编辑器，其中有一项功能就是可以帮助用户将文本中的"Tab"键全部转换为空格，以避免运行出错。

● 定义变量（区分大小写）

变量名（1~8 字母数字）= 数值 / "字串"/ ' 字串 ' 设置变量，变量没有整型实型之分，但是可以用 valnum 函数判断变量的值是整数、实数或字符串类型。
变量名 2 = 变量名 1 使用变量。
while(表达式)
变量名 .i= 值 定义数组变量，"i"取一数值范围。
endwhile
数组变量通过循环表达式赋值和使用，也可指定一个个的 i 值赋值和使用，i 在其取值范围内可以是不连续，实际上代表你在建立数组时，只对部分数组赋值，因此，使用时你也只可能使用之前有定义的数组值。

以下划线开始的变量称为全局变量。如：_variablc=123 ，只有全局变量才能跨越函数，但不能跨越文件使用。全局变量不能作函数的参数。

以下变量名用户不要重定义，是作为系统保留字，但可使用。

lat, lon, lev, result, rc

'd lon' 命令把 lon 作为数据变量使用，画经度的等值线。lev 变量作为垂直气压变量参与运算，但要注意单位，lev 一般用的是 hPa，计算公式中要用 Pa 单位。result 和 rc 是用来装命令和函数返回值的变量，会被随时修改，不能长期保持不变。

● **function语句**

方式1——函数过程体与函数过程的调用在同一文件中（无先后次序限制）

定义函数过程

function name(variable1,variable2,…)

紧接函数过程体

;（函数过程体结束标志）

函数调用过程

语句

…

name(variable1,variable2…)　调用函数，参数是用逗号分开的。参数可以从后向前省略。

name1()　　　　　　　　　若没有定义参数变量，或全部省略参数

语句

…

方式1 中 GrADS 要求函数过程的调用与函数过程体写在同一文件中。是先写函数后调用，还是先写调用后写函数都可以。书写的次序没有要求，后一种方式可能更容易接受。

方式2——函数过程体与函数过程的调用不在同一文件中

定义函数过程 - 文件 1

函数过程文件清单：

function name(variable)

紧接函数过程体

;（函数过程体结束标志）

函数调用过程 - 文件 2

函数调用过程文件（不带参数式调用。注意，这里是以文件名，而不是函数名调用。）

语句

…

'函数过程文件名 ' '参数 1' ' 参数 2' '…（带参数式调用。 参数可以从后向前省略。）

　　语句

　　注意单引号代表强制加入的空格。此外，GrADS 的脚本语言设计的并不是非常严谨，不论方式 1 还是方式 2 当有多个函数调用时，不同函数间的设置可能会相互影响，即前面所提"有些命令'永久'有效"。这即可以看成是它的好处，也是它的坏处。往往之前设计好的工具，换一种运行组合就出现问题。

● 运算符和表达式

数学运算：+，－，*，/
逻辑运算：=, !=, >, >=, <, <=,　&, |, !
字串连接符 %(连接符)
表达式即由运算符连接起来的变量，其结果无非是为 0—假或非 0—即真。
由逻辑运算符连接起来的表达式叫做"逻辑表达式"，由数学运算符连接的叫"数学表达式"，甚至一个变量、字串都可以叫"表达式"，结果无非是"0"或"非 0"。

● 控制语句

if(express)
　　语句
…
<else>
　　语句
…
endif
写在同一行时
if(express)；语句；语句；endif
while(express)
　　语句
…
endwhile

● 内部函数

subwrd(string, nwd)　从 string 字串中取第 nwd（数字）个字 (nwd>=1)。
subline(string, nl)　　从 string 字串中取第 nl（数字）行一整行 (nl>=1)。
strlen(string)　　　　求字串的长度。
substr(string,start,nl) 从字串中取从 start 字开始 nl 长的字串 (start>=1, nl>=1)。
数学函数 (部分)：(详见 lib/ script_math_demo.gs 脚本)

math_trigfunc   三角函数（trigfunc 可替换成：sin, con, tan, arcsin …）

rc=valnum('this is a test')   : rc=0，不是数字

rc=valnum('111')   : rc=1，是整数

rc=valnum('6.7')   : rc=2，不是整数

rc=math_strlen('this is a test') : rc=14 字串长度

rc=wrdpos('this is a test',2)   : rc=6 第 2 个字"is"的开始位置 =6

rc=math_fmod(5.5,2.1)   : rc=1.3 余数 =5.5-int(5.5/2.1)*2.1

rc=math_fmod(5.5,2.5)   : rc=0.5 余数 =int(5.5-int(5.5/2.5)*2.5))

rc=math_mod(5.5,2.1)   : rc=1   余数 =int(5.5-int(5.5/2.1)*2.1))

本书新增函数（部分）：（详见 lib/ script_math_new_demo.gs 脚本）

rec=math_ceil(4.5)；   向右取整

rec=math_floor(4.5)；   向左取整

rec=math_strstr("0123456789 ","78")；从前向后搜索 rc='789'

rec=math_index("0123456789","71")；从前向后搜索单一字符开始的位置：789

虽然这里是两个字符，但只有第一个字符起作用

rec=math_rindex("01234567890123","1")；从后向前搜索单一字符开始的位置：123

rec=math_getenv("GADDIR")；" 显示系统环境变量的值

rec=sys('ls -l')；' 执行外部命令，并返回结果

GrADS 字串定义为由空格分隔开的字。一个字是无空格分隔的 1 到多个字符组成。如"Peter Pan, the flying one"是一个字串，它包含 5 个字，"Pan,"也是一个字

杂项

输出 line=" Peter Pan, the flying one"；

say "She said it is " line

prompt "She said it is " line

输入 pull variable

遇到 pull 语句后，程序等待用户输入，variable 将用来接受用户的输入。

query/q ＜参数＞命令是一个非常重要的命令，用它可以获得许多图原信息。以下片段说明其一种用法及与描述语言其他部分信息交换的方式。

query/q 命令不带参数时显示 query 命令的所有功能：

```
ga-> query
query or q Options:
 q attr      Returns global and variable attributes for an open file
 q cache     Returns NetCDF4/hdf5 cache size for a particular file
 q cachesf   Returns global cache scale factor
 q config    Returns GrADS configuration information
 q ctlinfo   Returns contents of data descriptor file
```

（续表）

q contours Returns colors and levels of line contours

q dbf   Lists contents of a shapefile attribute database

q define   Lists currently defined variables

q defval   Returns value of a defined variable at a point

q dialog   Launches a dialog box

q dims   Returns current dimension environment

q ens   Returns a list of ensemble members

q fgvals   Returns values and colors specified for gxout fgrid

q file   Returns info on a particular file

q files   Lists all open files

q fwrite   Returns status of fwrite output file

q gxinfo   Returns graphics environment info

q gxout   Gives current gxout settings

q pos   Waits for mouse click, returns position and widget info

q sdfwrite Returns status of self-describing fwrite options

q shades   Returns colors and levels of shaded contours

q shp   Lists the contents of a shapefile

q shpopts Returns settings for drawing and writing shapefiles

q string   Returns width of a string

q time   Returns info about time settings

q undef   Returns output undef value

q xinfo   Returns characteristics of graphics display window

q xy2w   Converst XY screen to world coordinates

q xy2gr   Converts XY screen to grid coordinates

q w2xy   Converts world to XY screen coordinates

q w2gr   Converts world to grid coordinates

q gr2w   Converts grid to world coordinates

q gr2xy   Converts grid to XY screen coordinates

q pp2xy   Converts virtual page XY to real page XY coordinates

Details about argument syntax for some of these options are in the online documentation:

http://www.iges.org/grads/gadoc/gradcomdquery.html

如在下面的脚本片段中执行 'query gxinfo' 并利用其返回的结果画图框。

紧接着用；" 语句把 query gxinfo 结果显示：

......

'q gxinfo'

'say result'   结果显示出来。上述目录返回的结果放在 result 变量中。

（续表）

```
l3    = sublin(result,3)         取出第 3 行
xmin = subwrd(l3,4)             取出第 3 行的第 4 个字（=0.5）
xmax = subwrd(l3,6)             取出第 3 行的第 6 个字（=10.5）
l3    = sublin(result,4)         取出第 4 行
ymin = subwrd(l3,4)             取出第 4 行的第 4 个字（=1.25）
ymax = subwrd(l3,6)             取出第 4 行的第 6 个字（=7.25）
'draw rec 'xmin' 'ymin' 'xmax' 'ymax    画图框
……


ga-> q gxinfo
Last Graphic = Contour    ：最近一次的画图方式
Page Size = 11 by 8.5     ：页面大小，如果之前设置过 vpage，这里是虚页尺寸。
X Limits = 0.5 to 10.5    ：图框的水平尺寸。（也可能是虚页坐标）
Y Limits = 1.25 to 7.25   ：图框的垂直尺寸。（也可能是虚页坐标）
Xaxis = Lon  Yaxis = Lat  ：水平轴：longitude；Y 轴：latitude
Mproj = 2                 ：地图投影方式
Initial Page Size = 11 by 8.5  ：原始页面尺寸，原始实页大小（本书提供）
```

● 同一文件中函数间调用

此例演示同文件内函数间相互调用，产生双向数据传递，一般变量和宏变量的使用。

md15.gs 文件清单：

```
'open  model.le.ctl'    打开数据设计通用地图投影图模板。
'set lev 500'           设置层
lon1=-140 ；lon2=-40    设置变量，用"；"号分隔或每行定义一个变量。
lat1=15 ；lat2=80       ！！！ 不需用单引号括起来
mp=nps                  投影方式，北半球极射投影
_xy = 1234              定义宏变量
say 'lon1= 'lon1' lat1= 'lat1' lon2= 'lon2' lat2= 'lat2'_xy= '_xy   显示变量是否符合要求。
'set lon 'lon1' 'lon2   用变量的方式设置经纬度范围，
'set lat 'lat1' 'lat2              注意只有命令需要用单引号括起来和留空格的方式。
'define zz=z/9.8'       定义新变量，必须在 set lon/ lat/lev/t 后定义
var = zz  注意以上两种"变量定义"方式的不同，不能直接定义
    zz 代表了一种新数据。GrADS 中的变量是一种"后解释"的变量，即在定义时如
果用 var = zz，var 此时只表达"zz"这个符号，在后面再使用 var 时，它会被解释成
500hPa 的位势高度。同样用"var=z/9.8"只表达"z/9.8"这个符号。变量赋值时，会
```

把上述"符号"不断地传递下去。

但由 define 语句定义的变量定义时才会被解释，即对应有变量值还有变量的空间时间维度定义范围。之后使用时要特别留意这"维度"范围。

rec= maps(var, mp) 第一次调用函数，**向函数传递数据。** **函数必须在同一文件中。**
由于经纬度范围在函数外已经设置，第一次调用时此参数不用再传给函数。
因此，此次调用只用到 2 个参数。GrADS 函数的参数可以从后向前省略。
设置 rec 变量来接收函数返回值。

say ' 显示函数返回数据 ='rec

lon1=subwrd(rec,1)　获取函数返回数据

lon2=subwrd(rec,2)

lat1 =subwrd(rec,3)

lat2 =subwrd(rec,4)

mp =subwrd(rec,5)

mp = _xy　　　　　　这里显示在函数中被修改的宏变量被传递回来。

say 'lon1= 'lon1' lat1= 'lat1' lon2= 'lon2' lat2= 'lat2'_xy= ' _xy　显示获取的变量

rec = maps(zz, mp,lon1,lon2,lat1,lat2)　第二次调用 maps 函数，在不同区域画图

;　　　此处函数的返回值没有用到，但也要付给rec变量，这样才不会出警告

宏不能通过函数调用传递数据。宏可以在同一文件中任何地方被引用或修改

function maps(vars,mpj,ln1,ln2,lt1,lt2)　定义函数。

Say ' 显示函数获取的数据 = 'vars',' mpj','ln1','ln2','lt1','lt2','_xy

第一次调用时，只传递了两个变量，ln1,ln2,lt1,lt2 显示的不是数值，

只是"ln1,ln2,lt1,lt2"字符。

'set mproj 'mpj　　使用变量

If(valnum(ln1)! = 0) 判断 ln1 不是字符，即是一数值时数值，执行设置经纬度范围命令

'set lon 'ln1 ' 'ln2　第一次调用时，实际上跟之前的设置一样

'set lat 'lt1 ' 'lt2　　属于重复性工作，第二次修改变量后，范围会随之改变。

endif

'display 'vars　显示

mpj = robinson

_xy = lambert　　　　1：修改的宏　　重新定义变量

ln1= 90 ；ln2 = 180 ； lt1 = 0 ；lt2 = 70

return(ln1' ' ln2' 'lt1' 'lt2' ' mpj) 向主调函数返回数据（字符串）。

;　　　注意留空格的方式

● 不同文件间函数调用

md16.gs 文件清单—调用部分：

```
'open model.le.ctl' 。
lon1=-140 ；lon2=-40 设置变量，
lat1 = 15 ；lat2=80
mp=nps
_xy = 1234 定义宏变量
'set lev 500'
'set lon  'lon1 ' 'lon2
'set lat  'lat1 ' 'lat2
'md16c  'var' ' mp  第一次调用函数，不再是以函数名，而是以函数所在的文件名调用。
                    由于经纬度范围在函数外已经设置，此参数不用再传给函数。
                    因此，此次调用只用到 2 个参数。GrADS 函数的参数可以从后向
                    前省略

say result   显示函数返回值，注意函数返回值是放在一个固定名称的变量中的。
lon1 = subwrd(result,1) ；lon2 = subwrd(result,2)  获取函数返回值
lat1 = subwrd(result,3) ；lat2 = subwrd(result,4) ；
mp=subwrd(result,5)
say 'lon1= 'lon1' lat1= 'lat1' lon2= 'lon2' lat2= 'lat2' mp= 'mp  显示获取值是否正确
say '_xy=== '_xy 显示宏变量"_xy=1234"，说明在函数中修改的宏变量不能传递回来。

'md16c  'var' ' mp ' 'lon1 ' 'lon2 ' 'lat1 ' 'lat2   第二次调用函数，函数返回值不再利用。
；
```

md16c.gs 文件清单—函数定义部分：

```
function maps( args)  定义函数，此时函数名和文件名不同。args, 代表了所有要参数。
                      按一下方式获取每个参数的值。
vars=subwrd(args,1)   取 args 的第 1 个字。
mpj=subwrd(args,2)    取 args 的第 2 个字。
ln1=subwrd(args,3)    …
ln2=subwrd(args,4)
lt1=subwrd(args,5)
lt2=subwrd(args,6)    此函数设计最多可以获取 6 个参数。GrADS 参数调用时可以从
                      后向前省略当只传 2 个参数时，3 到 6 参数取值为"空"="。
```

（续表）

```
Say ' 显示函数获取的数据 = 'vars',' mpj','ln1','ln2','lt1','lt2','_xy
'set mproj  'mpj
if( ln1 !='') 判断当 ln1 不为"空"时，执行命令。
'set lon  'ln1 ' 'ln2
'set lat  'lt1' 'lt2
endif
'display  'var
mpj = 'scaled'
_xy = 'lambert'
ln1= 90；ln2 = 180；lt1 = 0；lt2 = 70
return(ln1' 'ln2' 'lt1' 'lt2' ' mpj ) 向主调函数返回数据—是以字符串形式。
;
```

此处_xy宏无定义，宏不能跨文件传递。

重新定义宏_xy的值，但此值不能在md15.gs中被引用到

● 动态函数调用

主调函数 (md15a.gs) 和 (maps.gsf) 分别在两个文件中。

md15a.gs—主调函数

```
'open  model.le.ctl'
rc=gsfallow("on")；为使用动态函数，要设置 gsfallow（"on"）
* 采用动态函数调用 maps 函数。参数的传递与 md15.gs 相同，但 maps 函数单独存于
maps.gsf 文件。
rec= maps( var,mp )  第一次调用函数⇌向函数传递数据。采用动态函数调用，
                     使用方式与"写在同一文件"函数调用方式完全一样。
lon1=subwrd(rec,1 )
lon2=subwrd(rec,2 )   获取函数返回数据。
lat1 =subwrd(rec,3)
lat2 =subwrd(rec,4)
mp =subwrd(rec,5)
mp = _xy              函数中修改的宏变量不能传递回来。

rec = maps(zz, mp,lon1,lon2,lat1,lat2)  第二次调用 maps 函数，在不同区域画图。
function maps (vars,mpj,ln1,ln2,lt1,lt2) 函数名一定要与文件名相同。
函数体同 md15.gs 定义的 maps 函数一样，这里省略。
return(ln1' 'ln2' 'lt1' 'lt2' 'mpj) 同样用 return 语句返回参数。
```

主函数和函数分别写在不同的文件中时，调用是以文件名而不是函数名方式调用，这

看起来好像限制了在函数文件中写入多个函数，组成函数集的可能，因为只有第一个函数能被文件以外的函数调用，之后的所有函数都只能在该文件内部各函数之间调用。动态函数看起来也有这样的限制。但请读者参考后面画剖面图的例子，在动态函数集文件的第一个函数写一个"空函数"，所谓"空函数"即只有函数名（函数名与文件同名）没有函数体的函数。运行"空函数"函数不产生任何具体的操作。在设置完"rc=gsfallow（"on"）"后调用运行"空函数"，结果导致在动态函数集中的其他函数都可以被外部函数所访问。就像这些函数和主函数写在同一个文件中一样。

● 不同环境下绘图脚本的执行方式

gs2shell.gs—在 gs 脚本中执行 shell 命令

```
……
'！ ls -l'        在 gs 脚本中执行 shell 命令（无法利用命令反馈的结果）或
Rc=sys('ls -l') 执行外部命令,并返回结果存放到rc 变量。可通过 rc 变量利用命令反馈。
……
 ；
```

shell2gs.sh—在 shell 脚本中执行 gs 脚本。直接在 Xterm 命令行窗口执行"$>bash shell2gs.sh"命令

```
#!/usr/bin/bash  #第一行,特殊注解行,说明此 shell 脚本按 bash shell 规则运行
# 文件要按 Unix 格式存,要用中文,还要是 Unix UTF-8 格式 存放。
grads –cl "md01.gs 参数 1 参数 2 ……"
……
```

Dos_shell.bat—Win 批处理脚本中执行 shell 脚本。直接在 DOS 命令行窗口执行"Dos>Dos_shell.bat"命令

```
在 Windows 中通过 *.bat 文件 -> 调用 shell 文件来运行 gs 文件
这样可以简单到只要双击 bat 文件即可。
@echo off

c:
chdir C:\Programs\pcgrads\pool\ 书 \ 第二版 \sample\02_ 简单模板   改变当前目录到 *.sh
脚本所在目录

C:\Programs\cygwinv2.0.0\bin\bash --login -i shell2gs.sh   执行命令，注意 shell2gs.sh
就在当前目录下，而 bash 命令不在当前目录下，按你系统安装情况给出其绝对路径
位置
……
```

3.3　GrADS模板的高级应用

任何画图语言自身再强大也不可能完成所有任务。因此根据上述基本语言功能开发各类功能模块是 GrADS 画图必备的功能。在 lib 目录下存放有系统及爱好者开发的一些非常实用的模板，可以作为有用的工具和学习参考。由于该目录是一个特殊目录，放在此目录下的通用工具都可以在任何地方被使用到。以下提到的各种模板，都为 ASCII 码文件，详细使用方法可直接参考相应文件内的说明。

● 关闭 GrADS logo 的工具

default.gs（在 lib 目录下）文件清单

```
set grads off
```

使用方式：'set imprun default.gs'。因为每次 display 命令后，set grads on 自动打开。而"set imprun"所跟的文件在每次执行 display 命令之前都会被执行一次。因此，set imprun 设置可以彻底关闭 logo 显示。

● 用白色背景板画图工具

whitebackground.gs（在 lib 目录下）文件清单：
使用方式：在脚本的开始写上 ' whitebackground ' 即可，不带参数。

● 设计在一页纸上输出多幅图功能的模板

all_in_one_test.gs 文件清单：演示使用 all_in_one.gs 在一页纸画多幅图的功能

```
reinit
# 演示：all_in_one.gs( 位于 lib 目录中）用法
path='../01_ 入门 _ 需要用手输入的简单例子 /'
 gs1="'"path"'/'sp21' 参数 1 参数 2'"
#gs1="'../01_ 入门 _ 需要用手输入的简单例子 /sp21'"
gs2="'../01_ 入门 _ 需要用手输入的简单例子 /sp22'"
gs3="'../01_ 入门 _ 需要用手输入的简单例子 /sp17'"
gs4="'../01_ 入门 _ 需要用手输入的简单例子 /sp18.gs 参数 1 参数 2'"
gs5="'../01_ 入门 _ 需要用手输入的简单例子 /sp19'"
 'all_in_one 'gs1' 'gs2' 'gs3' 'gs4' 'gs5' 'gs1' -lcol -2 -llu 1'
#'all_in_one 'gs1' 'gs2' 'gs3' 'gs4' 'gs5' 'gs1' -lcol 2 -llu 1'
;# 画 6 个模板 ; '–locl -2' : 2 列排列 ; '-llu 1' : 在左上表数字图号
#'all_in_one 'gs1' 'gs1' 'gs2' 'gs3' 'gs2' 'gs1' -lcol 2 -llu 1'  2 行排列
 ;
```

（续表）

```
####################################################################
usage1="put several templets in one real page. arrang them in two(or n ) collons/rows."
usage2="all_in_one  templet1 templet2...  "
usage4=" -llu/-llb/-lru/-lrb * "
usage5=" -lcol n"
* templet1='xx.gs 参数 1 参数 2...' 每一个 templet* 都可以带自己的参数，
* 然后用单或双引号括起来 ( 如果最外层是双引号或单引号 )。
* 加上" 用数字 / 字母 -lab 1/a 用数字 / 字母标图序 ；列表方式 : -lab (a) (b) (c) ... / -lab (1)
(2) (3) ...
* ab = lu: 左上 lb: 左下 ru: 右上 rb: 右下 在图内标图序。 缺省 不标
*
* 加上"-lcol n    n 行 / 列  缺省 : 2 行 /-2 列
# n > 0 按行输出 从左上向右 , 从上到下 ；
 n < 0 按列输出 从上到下 ， 从左上向右
####################################################################
```

all_in_one.gs（在lib目录下）文件清单

```
function all_in_one_page (args)
#say 'args='args
'set imprun default.gs'
####################################################################
usage1="put several templets in one real page. arrang them in two(or n ) collons/rows."
usage2="all_in_one  templet1 templet2...  "
usage4=" -llu/-llb/-lru/-lrb * "
usage5=" -lcol n"
* templet1='xx.gs 参数 1 参数 2...' 每一个 templet* 都可以带自己的参数，
* 然后用单或双引号括起来 ( 如果最外层是双引号或单引号 )。

* 加上" 用数字 / 字母 -lab 1/a 用数字 / 字母标图序 ；列表方式 : -lab (a) (b) (c) ... / -lab (1)
(2) (3) ...
* ab = lu: 左上 lb: 左下 ru: 右上 rb: 右下 在图内标图序。 缺省 不标
*
* 加上"-col n    n 行 / 列  缺省 : 2 行 /-2 列
# n > 0 按行输出 从左上向右 , 从上到下 ；n < 0 按列输出 从上到下 ， 从左上向右
####################################################################
...
```

　　all_in_one.gs 本身不能画图，一定要带参数，每一个参数单独就能画一幅图。all_in_one.gs 的作用是把它们都画在一张纸上，-lcol n 选项表示，n 行或列排列。-llu/-llb/-lru/-lrb 数字 / 字母：按数字或字母在每幅图上标序号。

　　当多个模板在一起画图时，原来单独运行时都没有问题的模板此时可能反而会出现问题，上一个运行的模板中的某些设置会影响之后模板的运行，这就是我们前面说的，由于脚本语言自身设计简单、不是很严格，GrADS 有些设置是长效的，由于在一起运行时，每个脚本中不能写上"清除"命令，这种影响就可以跨脚本的影响后续运行。改进的方法是在受影响的模板采用更严格的设置，阻断上面传下来的不良影响。

　　all_in_one.gs 作为一个通用工具，像 default.gs 一样，可以把它放到 ..\pcgrads\lib 目录下。因此，在任何地方都能用到。

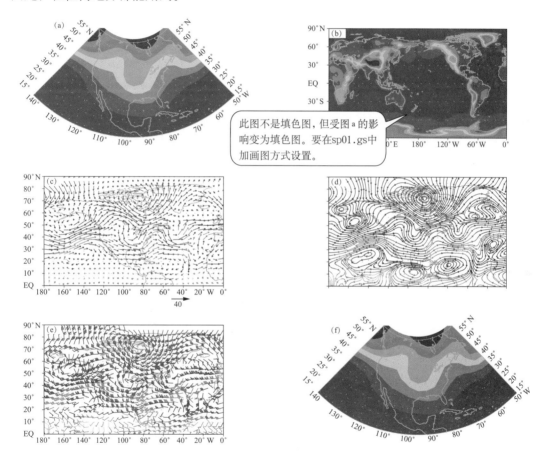

● **cmap.gs**（在 lib 目录下）—调色板
gs->cmap number

● **陆地海洋填色背景图—basemap.gs**（在 lib 目录下）
此模板作者做了改进，可接受地图投影，所用到的数据也自动到 dat 目录寻找。

用法：basemap　L(and)/O(cean)　<fill_color>　<outline_color>　<hi/lo/M>

　　　　　　　　　　陆地 / 海洋　　填颜色值　　海陆线颜色　高 / 低 / 中分辨率数据

可选参数可以不给或给 * 号。缺省时 fill_color=15（灰色）；不画海陆线颜色；用低分辨率数据。

调用数据：lpoly.asc/ lpoly_hires.asc/ lpoly_mres.asc ；代表一组不同分辨率的陆地数据

　　　　　　opoly.asc/ opoly_hires.asc/ opoly_mres.asc ；代表一组不同分辨率的海洋数据

md18.gs（md17.gs 经纬度投影方式）basemap.gs 演示

```
'open model.ctl'
'set lon -180  180' ；
'set lat  -90 90' ；
'set lev  500' ；
'set t   1 '
'set mpdraw off'        ；* 不画海陆线。
'basemap l 3'           ；* 给陆地填绿色。
'basemap o 4'           ；* 海洋填蓝色。
'set ccolor rainbow'    ；* 设为彩虹色，d 命令后彩虹色自动失效。
'zoom  md17'            ；* 按下鼠标并拖动标记出一矩形框，放大图形。点击图外一点
                        ；* 结束放大功能。
'd z/9.8'
```

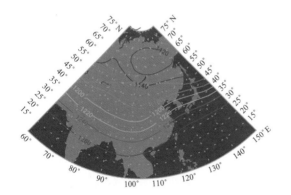 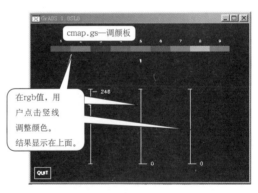

md18a.gs—演示 basemap.gs

```
reinit
whitebackground
'open ../12_grib/gfs.ctl'
'define_colors 143'
'define_rainbowcolor 16 143 10'
```

```
'set lat 46.8 51.2'
'set lon -128.5 -121.75'
'set gxout grfill'

'set vpage 0 3.6 4 8.5'
'set xlab off' ; 'set ylab off'   ; # 关闭标经纬度坐标

'd UGRD10m'
'basemap  L 15 * L'
'cbarn '
'draw title LOWRES'
'lab_latlon * * * * -128'   ; # 经纬度标值工具（见后）

'set vpage 3.6 7.2 4 8.5'
'set gxout grfill'
'd UGRD10m'
'basemap  L 15 1 M'   ; # 调用 basemap 会有擦图动作，因此如有像 'draw title 写图题 '
                          等动作，应在 basemap 之后调用。
'lab_latlon * * * * -128'
'draw title MRES'
'cbarn'

'set vpage 7.2 10.8 4 8.5'
'set gxout grfill'
'd UGRD10m'
'basemap L 15 1 H'
'lab_latlon * * * * -128'
'draw title HIRES'
'cbarn'
'nfile all'
```

md18b.gs—演示 basemap_shp.gs

```
'open  ../12_grib/gfs.ctl'
'define_colors 143'
'define_rainbowcolor 16 143 10'
  'set lat 46.8 51.2'
```

（续表）

```
   'set lon -128.5 -121.75'
   'set gxout grfill'
   'set mproj nps'
path='/pcgrads/dat/shape/grads/'
   'set rgb 216 1 1 1 -80'    ；# 用 shp 文件填色时  半透明要用 −80。
'set vpage 0 3.6 0 4.5'
 'set xlab  off'；'set ylab  off'  ；
 'd UGRD10m'
 'lab_x_y_asix'
 'basemap_shp L 16'
 endif
 'draw title LOWRES SHAPEFILE'
 'cbarn'
 'lab_latlon * * * * -128'
'set gxout grfill'
'set mpdset mres'
'set poli off'
 'set xlab  off'；'set ylab  off'   ；
 'd UGRD10m'
 'basemap_shp L 16 *  * M'
 'lab_latlon * * * * -128'
 'draw title MRES SHAPEFILE'
 'cbarn'
'set gxout grfill'
 'd UGRD10m'
 'basemap_shp L 16 *  * H'
 'lab_latlon * * * * -128'
 'draw title HIRES\SHAPEFILE'
 'cbarn'
```

● **basemap_shp.gs**（在 **lib** 目录下）作用同 **basemap.gs**

```
function basemap_shp( args )
if( 0 )
 say 'basemap_shp Usage:'
 say 'basemap_shp <L(and)/O(cean)>  <L(and)_fill_color>  <O(cean)_fill_color>  <L(and)_
line_color> <L(owres)/M(res)/H(ires)> <Land_filename> <Ocean_filename>'
```

```
 say ' 参数可以给值，或不给或给 *- 表示用缺省值。 高分辨率数据 grads_hires_*.shp
只有北美的数据 '
 say ' 调用此函数前要用 define_colors.gs 定义扩展颜色系列。'
'set ccolor 80'
rec = subwrd(result,4)  ；#say ' 只适合 v2.1.a2 改进版，否则 令 : rec =xx  rec='rec
if( rec != '' )
# 'define_colors 80~83'
 'set rgb 80 173 216 230'        ; * 海 _NCL
 'set rgb 81 210 180 140'        ; * 陆 _NCL
 'set rgb 82 167 215 255'        ; * 海 _Micaps
 'set rgb 83 199 255 199'        ; * 陆 _Micaps
# 'set rgb 16 242 242 242'       ; * 陆 _ 淡灰
# 'set rgb 17 216 216 216'       ; * 陆 _ 浅灰色
endif


lo   = subwrd( args,1 ) ; * 第一个参数 : L（只为陆地填色）或 O（只为海洋填色）；没
有或给 *: 表示缺省 : LO: 同时为陆地和海洋填色。
lcol = subwrd( args,2 ) ; * 第二个参数 : 陆地填色值 ；  缺省 : 81 ；负值 : 不画线条。
ocol = subwrd( args,3 ) ; * 第三个参数 : 海洋填色值 ；  缺省 : 80 ；负值 : 不画线条。
llco = subwrd( args,4 ) ; * 第四个参数 : 海陆线色值 ；  缺省 : 15 ；负值 : 不画线条。
lres = subwrd( args,5 ) ; * 第五个参数 : 陆地海洋分辨率 (L/M/H) ；  缺省 : L(owres),
高分辨率的数据只有北美的数据。
ocean = subwrd( args,6 ) ; * 第六个参数 : 海洋 shape 文件名 ；
  缺省 :  ... /dat/shape/grads/grads_lowres_ocean.shp
land = subwrd( args,7 ) ; * 第七个参数 : 陆地 shape 文件名 ；
  缺省 :  ... /dat/shape/grads/grads_lowres_land.shp
```

　　用法 : basemap_shp <L(and)/O(cean)/LO> <lcol> <ocol>   <llco>   <L/M/H>
　　　　　　　　　　陆 / 海 / 海陆　　陆地色 海洋色 海陆线色 低 / 中 / 高分辨率
　　可选参数可以不给或给 * 号。缺省时 lo=LO(海陆都填色)；lcol=81 ；ocol=80 ；llco=15 ；lres=L。

　　参数取 "*" 表示用缺省值，大小写无关。颜色值给负值表示不画。数据使用的是 ArcGIS 使用的地理信息数据，放在 dat/shape/grads 目录下，也称 shp 文件。目前 Micaps 也使用这种数据。网上有多种这类数据可以下载。但要注意涉及到 "国界" 时,要确认合法性。这里的数据只涉及到海陆可以使用。关于 shp 文件的知识建议大家上网学习一下。

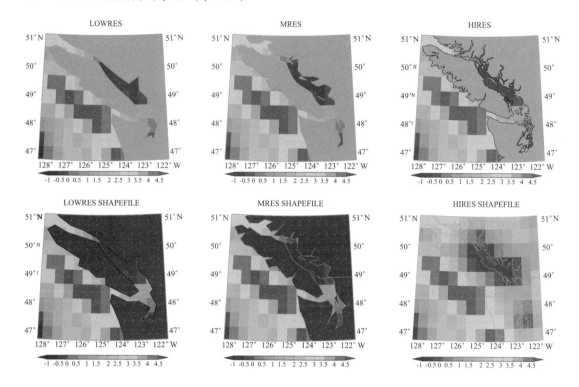

● **放大工具—zoom.gs**（在 lib 目录下）

```
function zoom( args )
#用鼠标拉图框的方式放大图形，用法见 md18.gs
# args=filename<.gs>( 包含 / 不含 zoom/zoom.gs 的 gs 文件名 )
#用法 1：将 zoom 写入 gs 文件，后跟该 gs 文件名 -> 可以连续放大。
#用法 2：先运行 gs 文件画图，再在命令行输入"zoom 该 gs 文件名"-> 只能放大一次。
……
```

● cbar_l.gs(cbar_line.gs)（在 lib 目录下）——为线条图画图例，用法见模板 8（md08.gs）。
   用法：cbar_l <-x X -y Y -n # > <-c colist> <-m marklist> -t text <-p>
   <-x X -y Y -n # > 图例位置坐标（英寸）；<-c colist> 每条线对应的颜色；<-m marklist> 每条线对应的标记类型；-t text 每条线的文字表述；<-p> 如果设置，点击鼠标来确定图例位置坐标。

● cbarn.gs(cbar.gs,cbarc.gs)（在 lib 目录下）——为填色图画图例，用法见例 16(sp16.gs)
   用法：cbarn <sf> <vert> <tri> <xmid ymid> <box> <barwid>
      sf：相对长短（缺省：1），>1 放大，<1 缩小；vert =0: 水平（底部）/1: 垂直（右侧）放置图例（缺省：0）；tri=1/0，图例两端用尖头还是方头（缺省：1 尖头）；xmid，ymid 中心位置（缺省：自动取中）；box=1/0 是否画框线（缺省：1 画廓线）；barwid 图例宽度（缺省：0.15 英寸）。

● script_math_demo.gs（在 lib 目录下）—演示数学函数的使用。

```
* FORMATTING NUMBERS
if (doformat)
  print ' '
  print 'Formatting numbers:'
  v = 3.1456
  fmt = '%-6.1f'
  rc = math_format(fmt,v)
  print fmt' of 'v' = 'rc
* TRIG FUNCTIONS
  cos  = math_cos(ang)
  sin  = math_sin(ang)
  tan  = math_tan(ang)
  ang = math_acos(cos)
  ang = math_asin(sin)
  ang = math_atan(tan)
  rc = math_atan2(u,v)
  cosh = math_cosh(ang)
  sinh = math_sinh(ang)
  tanh = math_tanh(ang)
  ang = math_acosh(cosh)
  ang = math_asinh(sinh)
  ang = math_atanh(tanh)
* VALNUM
if (dovalnum)
  print 'Evaluating strings to see if they are numbers:'
  print '0 = not a number'
  print '1 = integer'
  print '2 = not an integer'
  num = '3.1455'
  rc = valnum(num)
  print 'valnum of 'num' = 'rc
* MISCELLANEOUS FUNCTIONS
  print 'Exponents:'
  pow = math_pow(2,0.5) ；
  print 'Exponential function:'
  num = math_exp(1)
```

（续表）

```
print 'Modulo operator:'
fmod = math_fmod(5,2) ;
print 'String operations:'
s = 'this is a test'
rc = math_strlen(s)
print 'length of the string "'s'" = 'rc


p = 2
rc = wrdpos(s,p)
print 'word 'p' of the string "'s'" starts at character 'rc
```

script_math_new_function.gs 新加 math 功能函数

```
reinit
whitebackground
'sdfopen model.nc'
#'d ps'
rec=math_nint(4.5) ; say "math_nint(4.5)="rec
rec=math_nint(4.2) ; say "math_nint(4.2)="rec
rec=math_nint(-4.5) ; say "math_nint(-4.5)="rec
rec=math_nint(-4.2) ; say "math_nint(-4.2)="rec
rec=math_int(4.5) ;   say " 中心取整 math_int(4.5)="rec
rec=math_int(4.2) ;   say " 中心取整 math_int(4.2)="rec
rec=math_int(-4.5) ;  say " 中心取整 math_int(-4.5)="rec
rec=math_int(-4.2) ;  say " 中心取整 math_int(-4.2)="rec
rec=math_ceil(4.5) ;   say " 向右取整 math_ceil(4.5)="rec
rec=math_ceil(4.2) ;   say " 向右取整 math_ceil(4.2)="rec
rec=math_ceil(-4.5) ;  say " 向右取整 math_ceil(-4.5)="rec
rec=math_ceil(-4.2) ;  say " 向右取整 math_ceil(-4.2)="rec
rec=math_floor(4.5) ;  say " 向左取整 math_floor(4.5)="rec
rec=math_floor(4.2) ;  say " 向左取整 math_floor(4.2)="rec
rec=math_floor(-4.5) ; say " 向左取整 math_floor(-4.5)="rec
rec=math_floor(-4.2) ; say " 向左取整 math_floor(-4.2)="rec

rec=math_strstr(" 从 前 向 后 搜 索 0123  45678 901234 从 前 向 后 搜 索 5678901
23","901") ;
```

（续表）

> say " 搜索以 901 开始的字符串 math_strstr="rec ' ；长度 ='math_strlen(rec)
> rec=math_index("012345678901234567890123","91")；# 虽然这里是两个字符，但只有第一个字符起作用
> say " 从前向后搜索单一字符开始的位置 math_index="rec
> rec=math_rindex("012345678901234567890123","9")；
> say " 从后向前搜索单一字符开始的位置 math_rindex="rec
> rec=math_getenv("GADDIR")；
> say " 显示系统环境变量的值 math_getenv="rec ' ；长度 ='math_strlen(rec)

● **string.gs**——写字串。"ga->string 字串"，然后位置用鼠标点击图上的位置即可
● **font.gs**——演示字库样本。

　gs->font <0/1/2/3/4/5>

系统自带第 3 号字库是符号字库，当然现在你可以利用自定义字库达到同样的目的。

Font Set 3

font3.dat字库表
键盘值　显示

● **subwd.gs**——从字符串中选取部分字串

　用法：subwd " first second third(n:m)"

　　　从字符串中取第 n 到第 m 个字。如果 n 省略，（:m）表示取第 1 到第 m 个字，反之（n :）表示取第 n 到最后一个字。可以处理不定长度字串。

● **basename.gs**——Unix 中 basename 命令的功能

　用法："basename c:\xx\yy\zz\grads.off" 返回：grads.off

- **extend.gs**——取文件扩展名

  用法：“extend c:\xx\yy\zz\grads2.0.jpg”返回：jpg，文件结尾名称。
- **backslsh2slsh.gs**——将反斜杠变为斜杠

  用法：“backslsh2slsh c:\xx\yy\zz\grads2.0.jpg”返回：c:/xx/yy/zz/grads2.0.jpg
- **hinterp.gs**——水平双线性插值

  用法：“hinterp 经度 纬度 变量名”返回：变量在上述经纬度点的值。
- 等熵面图（**isentrop.gs**，**isen.gs**）

  isentrop.gs

```
'open c:/pcgrads/sample/model.ctl'
'set lon 50  140'
'set lat 0   90'
'set lev  1000 100'
'define ue='isen(u,t,lev,320) 320K 等熵面层风场 ue,ve；u,v,t 三维要素场. 'define
ve='isen(v,t,lev,320)  lev 气压层 (hPa)
'set  z 1'
'd  'isen(z,t,lev,320)  320 等熵面高度.
'set gxout bar'
'd  ue；ve；q'
# 以下要把 isen.gs 文件（在 lib 目录下）的内容移到此。
function isen(field,tgrid,pgrid,tlev)
..............
```

- **p2plev.gs**，**pinterp.gs**——把等压面数据通过插值产生任意等压面上的值

  p2plev.gs

```
'open c:/pcgrads/sample/model.ctl'
'set lon 50  140'
'set lat 0   90'
'set lev  1000 100'
'set t 1'
*'define t225='pinterp(t,lev,225)
'set z 1'；* 与上例相同，这里总有这样一奇怪的维数设定。
'd  'pinterp( z,lev,225)           ;*225hPa 高度。
'define t225='pinterp(t,lev,225)
'd  t225'                  ;*225hPa 温度
* 以下要把 pinterp.gs 文件（在 lib 目录下）的内容拷贝到此。
function pinterp(field,pgrid,plev)
..............
```

● **p2zlev.gs，zinterp.gs**——通过插值产生任意等高面上的值（等压面场转换成等高面场）。
p2zlev.gs

```
'open c:/pcgrads/sample/model.ctl'
'set lon 50  140'
'set lat 0  90'
'set lev  1000  100'
'set t 1'
'set z 1'
'd 'zinterp( lev,z,6000)        ;* 6000m 等高面上的气压场。
'define t225='zinterp(t,z,6000)   ;*6000m 等高面上的温度场。
'd  t225'
* 以下要把 zinterp.gs 文件（在 lib 目录下）的内容拷贝到此。
function zinterp(field,zgrid,zlev)
. . . . . . . . . . . . . . . . .
```

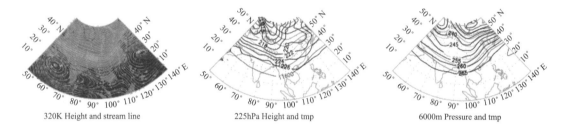

320K Height and stream line　　225hPa Height and tmp　　6000m Pressure and tmp

● **lab_contourline**——为等值线添加标注（在 lib 目录下）
labclab.gs 文件清单—演示 lab_contourline.gs 用法

```
whitebackground
'open ../model.ctl'
'set lev 200'
'define_colors 143'
'define_rainbowcolor 16 143 10'

#'set vpage 0 9 0 8'
'set grid off'
'set mpdraw off'
'set gxout shaded'
'd t'   ;*200hPa 温度填色图
```

```
'cbarn'
'q shades'  ; *  say result
'set gxout contour'

'set clab masked'
'set ccolor rainbow'
var = 'z/9.8'    ; * 画位势高度等值线，并为它添加一些标注。
'd   'var
'set rgb 75 215 180 140 10'
```

Usage: lab_contourline var <-v 值列表 > <-cl 颜色列表 > <-cb 背景色列表 / 产生背景的变量 > <-xy x y 坐标列表 > <-lnlt lon lat 坐标列表 > < -d 角度列表 >

例 1 最多能标 99 根 / 处等值线，每点一次，标一个值，点击图框以外的点，则退出。
 'lab_contourline 'var var 代表要加标注的变量。

例 2 标 3 根等值线。具体哪 3 根，须用鼠标点击 3 次图上值线条或同一根等值线的 3 个地方。
    -cb t 't' 代表前面 display t 的变量，未来标值处的背景颜色，与 t- 温度变量在该处所填颜色一致。
 'lab_contourline 'var' -v * * * -cb '

例 3 标 3 根指定值的等值线。注意鼠标要点对位置。第一根背景颜色 =7 其后 77 根背景颜色都给 15
'lab_contourline 'var' -v 1160 1260 1220 -cb 7 75*77'

例 4 标 2 根指定值、背景色的等值线。甚至可以标经纬度值
 'lab_contourline 'var' -v 1160 1260 1140 150'3.'1E 60'3.'1S -cb 136 t' ; * 标指定值的等值线。鼠标点对位置。
第一根等值线背景用 136 号颜色，第二根之后自动获取 t- 温度填色图的颜色，150E 和 60S 因为点击在图框之外，所以用缺省的背景颜色 =0

例 5 每点一次，标一个等值线值，自动获取 t- 温度填色图的颜色作为底色。点击图框以外的点，则退出。
 'lab_contourline 'var' -cb t'

（续表）

例 6 自动增加 1160 和 1260 等值线标值，标 H 和 D 标志。

'lab_contourline 'var' -cb t -v 1140 1260 H D -xy 8.594 2.023 2.589 3.625 4.981 6.773 3.627
6.32 -d -25' ; # 不适合虚页。

'lab_contourline 'var' -cb t -v 1140 1260 H D -xy 7.017 2.207 2.089 3.507 4.008 6.017
3.035 5.675 -d -25' ; # 合适虚页设置。

'lab_contourline 'var' -cb t -v 1140 1260 H D -lnlt 292.438 -66.746 72.297 -18.352
158.022 75.085 114.556 62.354 -d -25' ; # 合适虚页和实页设置。

‥‥‥‥‥‥‥

lab_contourline.gs 文件清单（在 lib 目录下）

```
function lab_contourline( args )
####################################################################
#UTF-8 无 BOM 格式编码存储。
# 功能 : 交互式为等值线标值。甚至可以在图上写任意字符串 ( 带角度写 )。
# Usage: lab_contourline var <-v 值列表 > <-cl 颜色列表 > <-cb 背景色列表 > <-xy x y 英
寸坐标列表 / -lnlt lon lat 经纬度坐标点列表 > < -d 角度列表 > <-s size >
# kk 标值的次数，缺省 : 最多 99 次。 点击图框之外的位置时，退出标值。
# 参数可以给具体数值，或 * 表示由系统用缺省值来定。
# 字串大小可以在调用 lab_contourline 之前用 set strsiz inch 设置。
# cl 和 cb 颜色列表可以给颜色值如 : 2 3 或用 15*77 一次构造 77 个数组值，或混合方
式 : 3 6 7*33 第一个 3 第二个 6 后面 33 个 7。
# cb 还可以是一变量名，此变量是此刻显示的填色图，标值的背景色按该填色图对应
颜色。
# cb 缺省用黑色背景。 在 GrADS 2.1 以上版本，用透明底色。
# x y 坐标列表，单位 : inch( 为虚页点英寸坐标 ) 或 经纬度坐标点列表 单位 : 度（虚
页实页都适用）。
# 两种方式只能选一。 给坐标点的方式，此工具以批处理方式运行，用户不用作应答。
# 角度 单位 : 度。
# size, 定义字符大小, 单位 : inch。 也可以在调用此工具前直接用 'set strsiz inch' 设置。
# _cb_def = 0 ; # 缺省的背景颜色 =0 黑色。如果用不同的底色，可以修改此设置。
####################################################################
narg = 1
```

‥‥‥‥‥‥‥

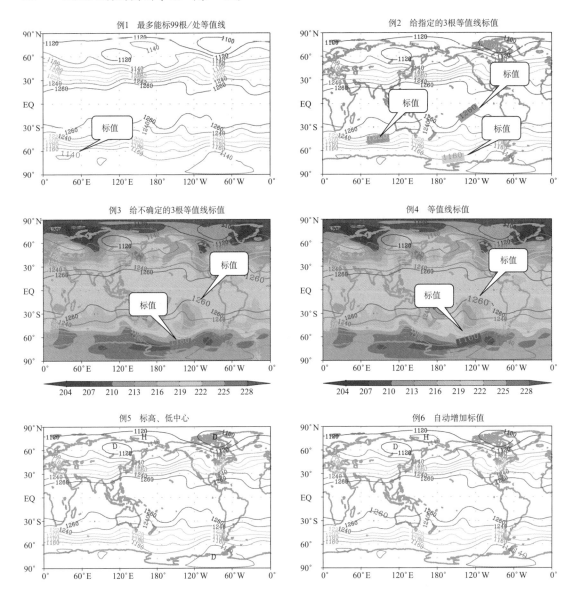

● T-lnP 图

skew 和 tephi 函数可画美式和英式的 T-lnP 图。函数参数如下（skew 与 tephi 函数参数相同）：

skew（T，Td，<Ps>，<Ts>，<Tds>，<file>，<fPcape>）

T：温度廓线 [单位：℃或 K 度]，Td露点温度廓线 [单位：℃或 K 度]，Ps：地面气压 [单位：hPa]，Ts：地面温度 [单位：℃或 K]，Tds：地面露点温度 [单位：℃或 K]。T 和 Td 代表了标准等压面层探空，最底层可能不是地面层。通过给出地面的数据，只计算气块抬升从地面开始抬升的路径。Ps、Ts、Tds 可省略或给"*"。file 文件名包含对 T-logP 图的画图属性的修改。系统所有画图属性都有缺省设置，无需修改。tlogp_parm.txt 文件给出了所有画图属性的缺省设置和对部分属性作修改的例子。比如 T-lnP 图的垂直范围、关闭一些开关、去掉一些显示等。File 文件可省略或给"*"。

　　57972.gs 文件清单

```
reinit
 whitebackground
'open 57972.ctl'          ; # 数据：57972.dat 文件是按 2 进制格式存储

'set vpage 5.5 11 0 8.5' ;
 'd skew(tc,td)'          ; # 美式
 say 'themo_indx='result

'set vpage 0 5.5 0 8.5'
'display  tephi(tc,td)'   ; # 英式
```

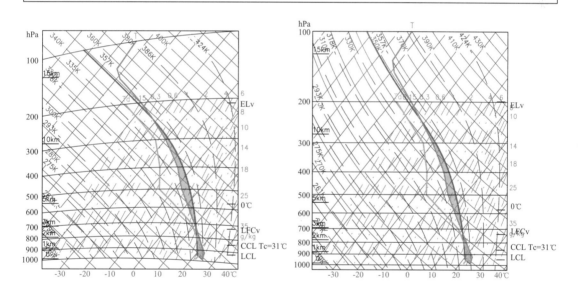

　　59265.gs 文件清单

```
'open 59265.ctl'
'set z 1 23'
'display  skew(tc,td,*,*,*, 559 )'          ; # 计算 0 度层以上的 Cape 值。
say "=============== 显示热力参数  ==============="
say result

'winbar wd,sp'                              ; # 画右侧风标。
```

Xterm 窗口显示热力参数

```
========================= Thermo Index ===========================
  T-lnP 图的另一项用途是计算许多对流参数，符号都采用气象上通用符号表示。
  Capev = 1850.49 [J/KG] Cinv = 63.8089 [J/KG]
  Pccl  = 902.844 [hPa] Tccl = 23.2239 [0C] Tc  = 31.0511 [0C]
  Plcl  = 979.59 [hPa] Tlcl = 297.735 [0C]
  Plfcv = 781 [hPa] Tlfcv = 292.561 [C]
  Pelv  = 137.8 [hPa] Telv = 204.381 [K]
========================= Thermo Index ===========================
```

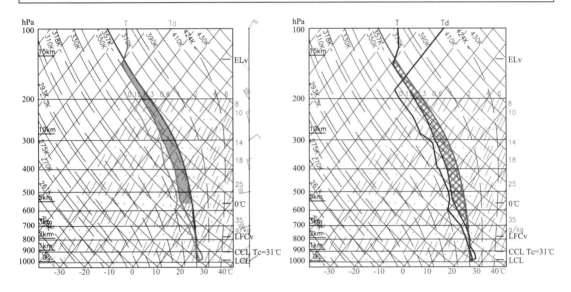

T-lnP_parm.txt—参数设置文件

```
&parm
 !/* for sounding temperature and dewpoint temp */
   coltk=4 ,thktk=6, lstytk=1 ;        !/// temp line
   coltd=4 ,thktd=6, lstytd=1 ;        !/// dewpoint line
   lcol =11 ,lthk=6 , lstye=1 ;        !/// air parcel lifting line
   col2 =-22 ,col3=-33 ;               !/// tow air parcel lifting fill colours
   fill =2 ;                           !/// air parcel lifting
 ! if fill =0 do nothing ; =1 only line ; =2 line+fill ; =3 fill but no line
 !/* default */
   ldowpt = 1 ;                        !/// whether Draw dewpoint temp(def: 1)
   lwmax  = 1 ;                        !/// whether Draw mixing ratio lines
   lhumi = 1 ;                         !/// whether Draw dewpoint temp( Td )lines
 indx  = 1 ;                           !/// whether Draw thermo_index(LCL/Cape)
```

（续表）

```
0: not, 1: draw 2: calculate but not draw
                                 !
  ptop  = 100 ;                  !// top Presure[hPa]
  pbot  = 1050 ;                 !// botton Presure[hPa]
&end parm
```

! 上面举例对部分参数做修改的方式。
! 以下列出来所有可能修改的参数和其缺省设置值。
!++!
! sample of namelist parm(not include the fist two !!)   !
! here are all parameters used in tlogp. you only nedd re define some   !
! you can put some commens in namelist by start a line with a !   !
!++!

!! &parm
!! !/* default line color, thickness and style */
!! colp=1 , thkp=1, lstyp=1 ;   !// constant presure line
!! colt=2 , thkt=1, lstyt=1 ;   !// constant temp line
!! colad=2 , thkad=1, lstyad=1 ;   !// constant theta line
!! colmad=4 ,thkmad=1, lstymad=2 ;   !// constant theta_e line
!! colwm=5, thkwm=1, lstywm=6 ;   !// constant mixing ratio lines
!! !/* for sounding temperature and dewpoint temp */
!! coltk=4 ,thktk=6, lstytk=1 ;   !// temp line
!! coltd=4 ,thktd=6, lstytd=1 ;   !// dewpoint line
!! lcol =11 ,lthk=6 , lstye=1 ;   !// air parcel lifting line
!! col2 =-22 ,col3=-33 ;   // air parcel lifting fill colours 负值 (<-15),
表示用网格方式填色
!! col2 = 22 ,col3= 33 ;   // air parcel lifting fill colours 正值 (> 15),
透明红和绿色
!! fill =2 ;   !// air parcel lifting 0: 不画抬升曲线 ;
1：只画线，不填色 ; 2：画线 + 填色
!! ncar_new= 1 ;   !// Cape/Cin use NCAR new 2009 scheme(ncar_new=1)
!! !/* default */
!! ldowpt = 1 ;   !// whether Draw dewpoint temp(def: 1)
!! ldryad = 1 ;   !// whether Draw dry adiabats temp or constant theta lines
!! lmoiad = 1 ;   !// whether Draw moist pseudo-adiabats temp or
constant Theta_e lines (def: 1)
```
```

（续表）

```
!!   lwmax = 1 ;               !// whether Draw mixing ratio lines
!!   lhumi = 1 ;               !// whether Draw dewpoint temp Td lines
!!   indx  = 1 ;               !// whether Draw thermo_index(LCL/Cape)
 0: not, 1: draw 2: calculate but not draw
!!                             !
!!   ptop  = 100 ;             !// top Presure[hPa]
!!   pbot  = 1050 ;            !// botton Presure[hPa]
!!   pincr = 100 ;             !// constant increase[hPa]
!! ! tleft = 263.15 ;          !// left  temp at 1000hPa(def: -10C)
!! ! tright = 318.15 ;         !// right temp at 1000hPa(def: 45C)
!!   tleft = 233.15 ;          !// left  temp at 1000hPa(def: -40C)
!!   tright = 313.15 ;         !// right temp at 1000hPa(def: 40C)
!!   tincr = 10 ;              !// constant temp increase
!!   incrad = 10 ;             !// constant theta increase
!!   finmad = 5 ;              !// constant theta_e increase
!!   ptopwm = 200 ;             !// top Presure for mixing ratio line [hPa]
!!   nsmr= 27 ;                !// 标以下 27 条饱和比湿线 mixing ratio lines
!!   smr = 0.15,.2,.3,.4,.6,.8,1.,1.5,2.,3.,4.,5.,6.,7.,8.,9.,10.,12.,14.,16.,18.,20.,
        25.,30.,35.,40.,50. [g/kg] ;
!!   nzkm= 8 ;                 !// 标以下 8 层厚度 [km]
!!   zkm = 0,1,2,3,5,10,15,20 ;
!!   &end parm
```

winbar.gs 文件清单（在 lib 目录下）—画风标

```
################################################################################
function winbar( args )
# 用法 1：winbar ws,sp<,sw><,ss><,ps> <vert> <min> <max> <nolab> <wstype> <polel-
en> <x0> <y0> <len>
```
使用 winbar 之前数据只能保持其中一维是变动的，其他都是固定的。
ws：风向 [度]，sp：风速 [m/s 或 knots 海里 / 小时]，sw：地面风向，ss：地面风速，
ps：地面气压 [hPa]。ws 和 sp 有可能只代表标准层的要素，因此要加入地面层的要素。
vert: =1，垂直放置图例，=-1，水平放置图例，=11，采用垂直对数坐标垂直放置图例，
=-11，采用水平对数坐标水平放置图例。缺省如果是垂直探空数据，vert=11。min,
max 表示风速风向数据的坐标范围，如果是垂直探空，单位是 hPa，水平，经度或纬
度单位。缺省系统根据风场设置的范围定。nolab=0/1：是否标节点坐标(缺省 :0,不标),
wstype=1/2.5,此值应与输入的速度单位相对应,如果风速的单位为 [m/s] ；wstype = 2.5
如果风速的单位为 [海里 / 小时]knots，wstype=1，缺省 :wstype=2.5，风速单位为 m/s。

（续表）

polen 风杆的长度，缺省 0.3 英寸。x0,y0 图例起点坐标 [英寸]，在已画出图形时，起点自动取图框的左下或右下点。
DrawWinBarb(wp, dd, ws, x0,y0,len,vert, min, max, polelen, nolab, wstype)

winbarb.gsf 文件清单（在 lib 目录下）—画风标

```
function winbarb()
# 空函数
return
function DrawWinBarb(wp, wd, ws, x0,y0,len,vertical, min, max, polelen, nolab, wstype,
ieach )
#-------------------------------------------------------------------------------------------------#
# wd : 风向（度）                                                                      #
# ws : 风速 ( m/s  wstype=2.5) or ( 海里 / 小时  knots  wstype=1 )                        #
# wp : 层 [hPa] 或经 / 纬度坐标 [ 度 ] 等，数据实际坐标  格式见上面例子。                  #
# 以下参数可以给 * 表示用缺省值或由系统判断。                                           #
# (x0,y0) : 起点坐标（英寸）                                                          #
# len : 基线长度 ( 英寸 )                                                              #
# 如果 (x0,y0) len 无值，len= 图框水平 / 垂直尺寸，(x0,y0) 在图左侧竖直 或 底部水平 #
# vertical : 1 垂直画 ；−1 水平画图 ( 11 垂直对数坐标 ；−11 水平对数坐标 )              #
# min,max ： wp 定义的数据坐标的范围，与 wp 单位一致 [hPa]、[ 度 ]，缺省取 wp 的
#    最大和最小值。                                                                    #
# polelen ： Length of wind-barb pole( def: 0.3 inch)                                   #
# nolab  ： 不标 (=0)/ 标 (>0) 层坐标 ( def : 0 ) nolab=1 每个都标 ；2，每隔一个标     #
# wstype ： 缺省 : = 2.5 ；* wstype=2.5 风速的单位为 [m/s] ；wstype = 1 单位为 [ 海里 /
#        小时 ]knots                                                                   #
#-------------------------------------------------------------------------------------------------#
...
```

Winbar_test.gs 文件清单—画风标

```
'sdfopen ../model.nc'
'set vpage 0 5.5 0 4.5'
'set t 1'
'set lev 500'
'q gxinfo'  ；#say result
lin = sublin(result,2)
px = subwrd(lin,4)  ；py = subwrd(lin,6)
```

（续表）

```
'query string D' ; wid = subwrd(result,4)
########## 例一 画沿 lat=30N~50，lon=90~120E  lev = 500hPa 风标  #############
  if( 10 )
   'set lon 90 120'
   dx = (px-0.75*2)/6
   x0 = 0.75  ；y0 = 0.75  ；len = py-0.75*2
   dlt = 4  ；lt = 30
   while( lt < 50+dlt*0.5 )
   if( lt > 50 ) ; break  ; endif
   'set lat 'lt
   'wd=270-180/3.1415926*atan2(v,u)'
   'sp=mag(u,v)'
   args=wd','sp' 0 90 120 * * * 'x0' 'y0' 'len
   if( lt = 50 )
     args=wd','sp' 1 * * 1 * * 'x0' 'y0' 'len
   else
     args=wd','sp' 1 * * * * * 'x0' 'y0' 'len
   endif
   'set string 1 l'
   'winbar 'args
   'set string 1 tc'
   'draw string 'x0' 'y0-0.1' 'lt' '3.'1N'
    lt = lt + dlt
    x0 = x0 + dx
  endwhile
   'set string 1 l'
   x0 = x0-dx+3.5*wid
   y1 = y0+len-wid/2
   'draw string 'x0' 'y1' '3.'1E'
  endif
########## 例二 画沿 lon=120E，lat=30~50N  lev 1000~100hPa 风标  #############
  if( 10 )
 'set vpage 5.5 11 0 4.5'
   'set lon 120'
   'set lev 1000 100'
   dx = (px-0.75*2)/6
   x0 = 0.75  ；y0 = 0.75  ；len = py-0.75*2
```

（续表）

```
    dlt = 4  ; lt = 30
    while( lt < 50+dlt*0.5 )
     'set lat 'lt
     'wd=270-180/3.1415926*atan2(v,u)'
     'sp=mag(u,v)'
     args=wd','sp' 0 90 120 * * * 'x0' 'y0' 'len
     if( lt = 50 )
       args=wd','sp' 11 * * 1 * * 'x0' 'y0' 'len
     else
       args=wd','sp' 11 * * * * * 'x0' 'y0' 'len
     endif
     'winbar  'args
     'set string 1 tc'
     'draw string 'x0' 'y0-0.1'  'lt' '3.'1N'
      lt = lt + dlt
      x0 = x0 + dx
    endwhile
     'set string 1 l'
    x0 = x0-dx+3.5*wid
    y1 = y0+len-wid/2
    'draw string 'x0' 'y1'  hPa'
    endif
```

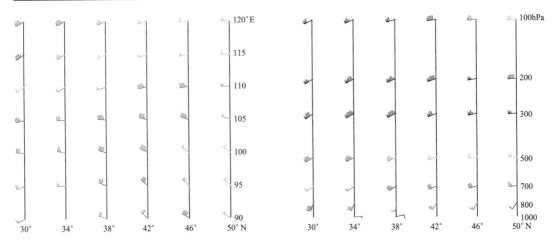

57972.ctl 数据格式

```
DSET ^57972.dat      数据按 2 进制格式存储，如何存储可以看下面的例子。
options little_endian
UNDEF   99999.00
title  station No.57972 lon 113.03 lat 25.80
xdef 1 linear 113.03 1.0    经纬度只有一个点
ydef 1 linear 25.80 1.0    垂直分 21 层。
zdef 21 levels 984.0 937.2 925.0 873.8 850.0 757.3 700.0 653.6 562.0 500.0
482.3 400.0 300.0 250.0 200.0 150.0 139.0 133.0 100.0 70.0 50.0
tdef 1 linear 08Z06May2010 1DY
vars 5
zh   21   99 Geopotential height. [gpm]
tc   21   99 Temp. [C]
td   21   99 Dewpoint Temp. [C]
wd 21   99 Wind direction [d]
sp   21   99 Wind speed. [m/s]
ENDVARS
```

micaps_grads.F90— 将 Micaps 数据转为 2 进制格式

```
program main
! micapes diamond 5 类数据 ->Grads 格点 用于画 T-lnP 图
!输入数据样式举例 ( 不含开始的 "！ ", 空格个数不限 ) :
! diamond 5 13 年 03 月 23 日 20 时温度对数压力图
! 13 03 23 20   521
! 54511 116.47  39.80   55 126
!    1012   9999    8.0  -14.0    360     6
!    1000     13    7.2  -13.8    345    13
!     925     77    1.2  -15.8    340    16
!    ..........
! 59293 114.68  23.73   41      138
!    1002   9999   22.0   20.3    160     3
!    1000      9   21.8   20.4    165     4
!     928   9999   17.4   16.0   9999  9999
!     925     76   17.6   16.1    215     4
!
!此文件共包含 535 个测站 , 将选出 n 个测站 -> 输出 n 个文件
implicit none
```

```
character(len=255) :: infile
integer :: list
real    :: undef !// 输入数据中 坏点的定义方式


infile = '14052208_59265.000'  !// 输入数据
undef  = 9999  ! 数据中无效点的定义值
list   = 59265  ! 只选出一个站的数据。---> 输出 59265.dat 和 59265.ctl
call read_write( infile, list, undef )
end program main ；
..........
```

　14052208_59265.000— micaps 数据格式，此文件共包含 535 个站

```
diamond 5 14 年 05 月 22 日 08 时温度对数压力图
14 05 22 08   535
54511 116.47  39.80  55 150
    1003   9999   21.6   16.8     70      2
    1000      6   21.2   16.2     75      2
     983   9999   19.8   16.3   9999   9999
     940   9999   23.4   11.4   9999   9999
59758 110.35  20.03  15 156
     996   9999   28.0   24.0    160      5
     967   9999   26.6   22.4   9999   9999
     931   9999   28.0   17.0   9999   9999
     925     72   27.8   15.8    210     16
     850    147   23.2   12.2    245     15
     734   9999   14.2    6.2   9999   9999
     700    313   11.2    6.2    245     10
..........
```

● 任意方向画剖面图工具

crs-simple1.gs 文件清单—画标量场的剖面
crs-simple1.gs——crs-simple7.gs，直接画剖面的例子，因此省略第二步功能。

```
reinit
whitebackground
```

（续表）

```
*sample 1：画标量场的剖面
 rc=gsfallow("on")              ;＊启动动态函数调用
 cross_inc()                    ;＊设置缺省值
*----------------------------- 第一步：打开数据、设定时间 ----------------------------- *
 'open ../12_grib/grib1.ctl'    ;*grib 数据
 'set t 1'                      ;＊定义数据时间


*--------------------------------- 第三步：画剖面图 ---------------------------------*
*3.1 设置剖面垂直范围（如果不设，即采用所有垂直层）
 lev1 = 1000  ；lev2 = 100
```

*3.2 剖面位置 - 此例用世界坐标定义了 3 个点（两段线段）的剖面。分为两段，每段中系统自动再添加 31 个点构造网格。
; * "3" - 指示节点个数；起点（150E，2N）中间点（140E，18N），终点（120E，58N）

```
 pts = '3 150 2 140 18 120 58'  ;＊此例用户用世界坐标定义了 3 个点的剖面。


*------------------------------------------------------------------------------------*
```

*3.4 选择要在剖面图上画的变量。等号右面是用户 ctl 文件中定义的变量名称。

```
 varb4  = 't-273'       ;＊温度
 normal = 0             ;＊标量


 cld = "'set gxout contour' ；'set cint 4' ；'set cthick 1'"
;# cld 变量包含了你对画图属性的所有定义。
;# 调用画剖面函数（详见后说明。"*"参数表示用缺省值，或由系统定）
    rec1 =cross_section( varb4,normal,pts,'*' ,lev2,cld,zlog, 'ps/100' ,'*','*','*','*',2)
# 由于数据中地面气压的单位为 [Pa]，而垂直坐标的单位为 [hPa]，因此这里要把地面
# 气压转换为 [hPa] 后参与计算。

if( 10 )
*------------------------------- finish then print the map ------------------------------
'draw title cross section'     ;＊写 title
'nfile.gs all'                 ;＊调用 nfile.gs（见后）工具关闭所有数据
'fprint'                       ;＊调用 fprint.gs（见后）图形存于 tmp.eps 文件
endif
;
```

crs-simple2.gs 文件清单—画平行于剖面的矢量场的剖面

```
Reinit
whitebackground
* 画沿剖面上的流线等速度分量
 rc=gsfallow("on")  ; * 动态函数调用
 cross_inc()      ; * 设置缺省值
*--------------------------    第一步：打开数据、设定时间   ------------------------------*
 'open ../12_grib/grib1.ctl'     ; *grib 数据
 'set t 1'               ; * 定义数据时间


*------------------------------   第三步：画剖面图   ------------------------------*
*3.1 设置剖面垂直范围 ( 如果不设，即采用所有垂直层的数据 )
 lev1 = 1000  ；lev2 = 100


*3.2 剖面位置。
 pts = '2  110  60  120  58'      ; * 此例用户用世界坐标定义了 2 个点的剖面。


*---------------------------------------------------------------------------------------*
*3.4 选择要在剖面图上画的变量。等号右面是用户 ctl 文件中定义的变量名称。
 varb1 = 'u ; v ; -w/9.8/1.292*1000 ; w'
 ; * 风速的 u,v 分量 + 垂直速度 , 处理产生剖面上的二维速度场 , 用于画流线等。
 ; * 最后一个 w 起到为流线上颜色的作用。数据中的垂直速度 w 的单位是 [Pa/s], 要
换算成与 u，v 差不多的 [m/s] 单位 , 因此乘上了一个系数 , 因大气中垂直速度一般远
小于水平速度 , 因此上述 "垂直速度" 又被扩大了约 100 倍。
   normal = -1             ; * 矢量，沿剖面的流线
cld = "'set gxout stream'    ; 'set strmden 4' ; 'set cthick 1'"
* 设置 gxout=stream 画流线，相应的设置其他画
   rec1 = cross_section( varb1,normal,pts,lev1,lev2,cld,zlog, 'ps/100' )


*---------------------------    finish then print the map   ------------------------------
'draw title cross section'     ; * 写 title
'nfile.gs all' ;
'fprint'              ; * 图形存于 tmp.eps 文件
 ;
```

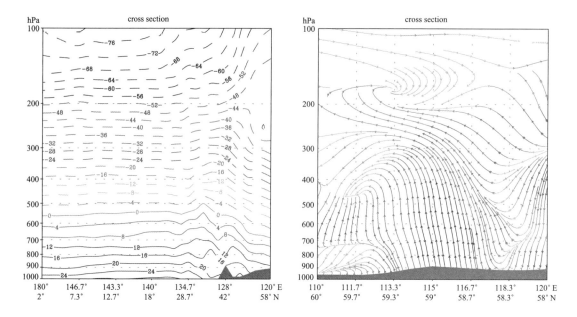

crs-simple3.gs 文件清单—画垂直剖面的通量或急流轴

```
Reinit
whitebackground
* 画垂直剖面的通量或急流轴
 rc=gsfallow("on")            ;* 动态函数调用
 cross_inc()                  ;* 设置缺省值
*-------------------------------- 第一步：打开数据、设定时间 ------------------------------*
 'open ../12_grib/grib1.ctl'  ;*grib 数据
 'set t 1'                    ;* 定义数据时间


*-------------------------------- 第三步：画剖面图 --------------------------------------*
'set vpage 5 11 0 8'
*3.1 设置剖面垂直范围 ( 如果不设，即采用所有垂直层的数据 )
 lev1 = 1000  ; lev2 = 100


*3.2 剖面位置。
  pts = '2 110 40 160 40'    ;* 此例用户用世界坐标定义了 2 个点的剖面。

*------------------------------------------------------------------------------------------*
*3.4 选择要在剖面图上画的变量。等号右面是用户 ctl 文件中定义的变量名称。
 varb1 = 'u ; v ; t'
;* 风速的 u,v 分量 + 温度——> 垂直剖面上的速度场，用于画温度通量等值线
 varb2 = 'u ; v'
```

```
; * 风速的 u,v 分量——> 垂直剖面上的速度场，用于画急流轴等值线
 varb2 = 't'
; * 温度——> 垂直剖面上的温度场等值线
  normal = 1                      ; * 矢量，垂直剖面分量
*   cld = "'set gxout contour' ; 'set cint 4' ; 'set cthick 1'"
画温度通量等值线：
rec1 = cross_section( varb1,normal,pts,lev1,lev2,cld,zlog, 'ps/100' )
叠加温度等值线
rec1 = cross_section( varb2,normal,pts,lev1,lev2,cld,zlog, 'ps/100' )

if( 10 )
* 验证温度垂直通量是否计算正确：pass
*-------------------------------  finish then print the map  -------------------------------
'draw title cross section'        ; * 写 title
'nfile.gs all' ;
'fprint'                          ; * 图形存于 tmp.eps 文件 /'fprint <path>/filename<.jpg>|<.
                                    png>|<.gif>|<.eps>'
endif

if( 10 )
 'set vpage 0 5.1 1.5 6.8'        ;* 在左侧画沿北纬 400N 的温度通量，两图基本一样。
 'open ../12_grib/grib1.ctl'      ; *grib 数据
 'set lat 40'
 'set lon 110 160'
 'set lev 'lev1' 'lev2
 'set zlog on'
 'd  v*t'                         ; * 温度通量
* 'd  v'
endif
 ;
```

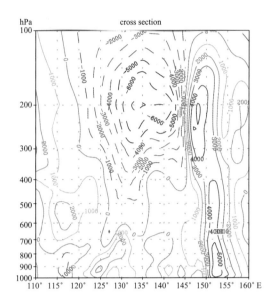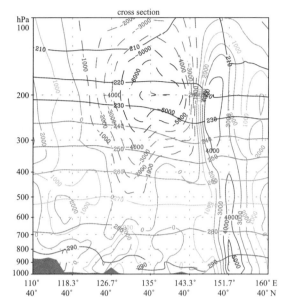

crs-simple4.gs 文件清单—直接输出剖面上的数据

```
reinit
whitebackground
* 不画图，直接输出剖面上的数据
 rc=gsfallow("on")              ;* 动态函数调用
 cross_inc()                    ;* 设置缺省值
*------------------------------ 第一步：打开数据、设定时间 -----------------------------*
 'open ../12_grib/grib1.ctl'    ;*grib 数据
 'set t 1'                      ;* 定义数据时间


*------------------------------ 第三步：画剖面图 ----------------------------------------*
*3.1 设置剖面垂直范围 ( 如果不设，即采用所有垂直层的数据 )
 lev1 = 1000 ；lev2 = 100


*3.2 剖面位置。
  pts = '2  110  40  160  40'   ;* 此例用户用世界坐标定义了 2 个点的剖面。


*-------------------------------------------------------------------------------------------*
if( 10 )
*3.4 选择要在剖面图上画的变量。等号右面是用户 ctl 文件中定义的变量名称。
 varb1  = 't-273'               ;* 温度
 normal = 0                     ;* 标量场
 'set fwrite crs.dat'
```

（续表）

```
;* 设置输出文件名（可以加路径，如果不设置，缺省输出到 grads.dat/grads.ctl 文件）
  cld = -1              ;*-1 表示输出数据
  rec1 = cross_section( varb1,normal,pts,lev1,lev2,cld )
*********************************************************************
* 与之对应的 ctl 文件见当前目录下的——crs.ctl 文件                    *
*********************************************************************
endif
```

crs.ctl 文件清单

```
dset ^crs.dat    剖面数据存放文件（2 进制格式）
options little_endian
undef -9.99e+8         注意此值与原数据中定义不同（原值 = 9.999E+20）
title  cross-section
# 水平网格（110,40）到（160,40）共 32 个格点
#xdef 32 levels  120.00 121.33 122.67 124.00 125.33 126.67 128.00 129.33 130.67 132.00
133.33 134.67 136.00 137.33 138.67 140.00 140.00 140.67 141.33 142.00 142.67 143.33
144.00 144.67 145.33 146.00 146.67 147.33 148.00 148.67 149.33 150.00
#ydef 32 levels  58.00 55.33 52.67 50.00 47.33 44.67 42.00 39.33 36.67 34.00 31.33 28.67
26.00 23.33 20.67 18.00 18.00 16.93 15.87 14.80 13.73 12.67 11.60 10.53 9.47  8.40  7.33
6.27 5.20  4.13  3.07  2.00
# 水平网格不代表真实网格
xdef 32 linear 1  1
ydef  1 linear 1  1
zdef  19 levels 1000 950 900 850 800 750 700 650 600 550 500 450 400 350 300 250 200
150 100
tdef 1 linear 18Z31JUL2003 1DY
vars 1
crs   19  99 cross-section 变量名输出时都叫"crs"，之后可以手动修改
ENDVARS
```

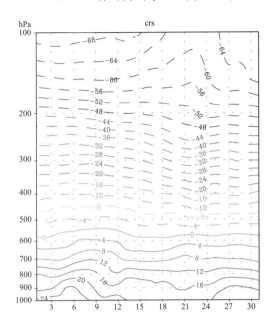
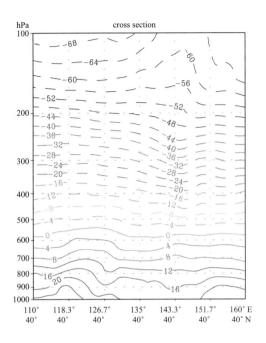

crs-simple6.gs 文件清单—地形数据取自第二个文件

```
* 从第二个文件导入地形
rc=gsfallow("on")  ;* 动态函数调用
cross_inc()        ;* 设置缺省值
*----------------------- 第一步：打开数据、设定时间 -----------------------*
'open ../12_grib/grib1.ctl'    ;* 用 grib 数据画图
'set t  1'              ;* 定义数据时间
'open ../model.le.ctl'   ;* 用 model.le.ctl 第二个文件中的地面气压 (hPa) 画地形
 prs='ps.2'  ;# 第二个文件中的地面气压 (hPa)


*----------------------- 第三步：画剖面图 -----------------------*
*3.1 设置剖面垂直范围 ( 如果不设，即采用所有垂直层的数据 )
 lev1 = 1000  ; lev2 = 100


*3.2 剖面位置 - 此例用世界坐标定义了 3 个点（两段线段）的剖面。
  pts = '3  120 58  140 18  150  2'  ;* 此例用户用世界坐标定义了 3 个点的剖面。


*-------------------------------------------------------------------*
  varb1 = 't-273'   ;* 温度
  normal = 0
  cld ="'set cint 4'"
   rec1 = cross_section( varb1,normal,pts,lev1,lev2,cld,zlog,prs)
```

（续表）

```
'draw title grib1.ctl and model.le.dat  3'
  'nfile.gs all' ;
```

crs-simple7.gs 文件清单—高度坐标数据

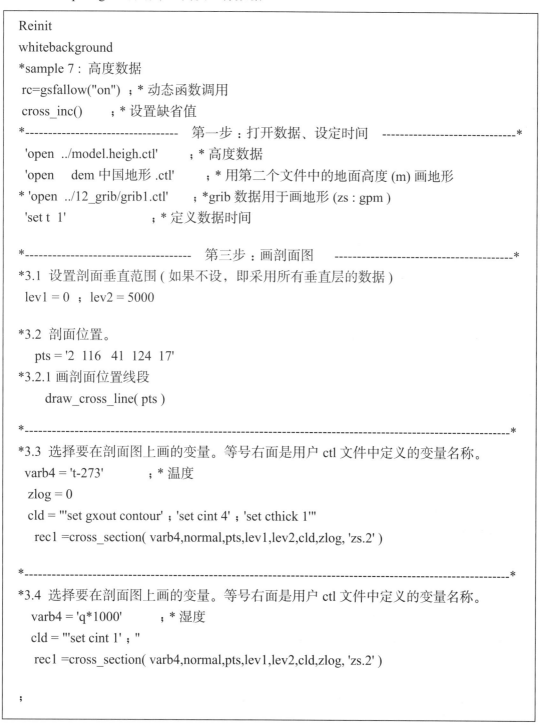

```
Reinit
whitebackground
*sample 7：高度数据
 rc=gsfallow("on") ;* 动态函数调用
 cross_inc()        ;* 设置缺省值
*--------------------------  第一步：打开数据、设定时间  -------------------------*
 'open  ../model.heigh.ctl'    ;* 高度数据
 'open   dem 中国地形 .ctl'      ;* 用第二个文件中的地面高度 (m) 画地形
* 'open  ../12_grib/grib1.ctl'   ;*grib 数据用于画地形 (zs：gpm )
 'set t  1'                ;* 定义数据时间

*-------------------------- 第三步：画剖面图  ------------------------------------*
*3.1 设置剖面垂直范围 ( 如果不设，即采用所有垂直层的数据 )
 lev1 = 0  ；lev2 = 5000

*3.2 剖面位置。
   pts = '2  116   41  124  17'
*3.2.1 画剖面位置线段
     draw_cross_line( pts )

*-------------------------------------------------------------------------------*
*3.3 选择要在剖面图上画的变量。等号右面是用户 ctl 文件中定义的变量名称。
 varb4 = 't-273'        ;* 温度
 zlog = 0
 cld = "'set gxout contour' ; 'set cint 4' ; 'set cthick 1'"
   rec1 =cross_section( varb4,normal,pts,lev1,lev2,cld,zlog, 'zs.2' )

*-------------------------------------------------------------------------------*
*3.4 选择要在剖面图上画的变量。等号右面是用户 ctl 文件中定义的变量名称。
 varb4 = 'q*1000'        ;* 湿度
 cld = "'set cint 1' ; "
   rec1 =cross_section( varb4,normal,pts,lev1,lev2,cld,zlog, 'zs.2' )

 ;
```

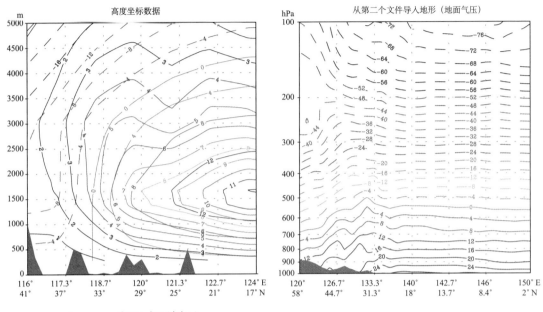

crs-vdras.gs—交互式画剖面

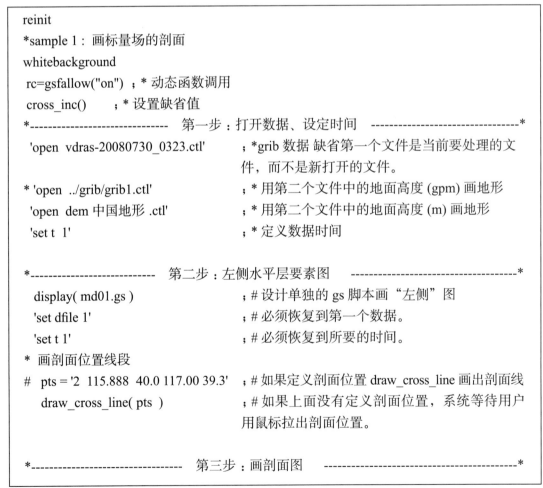

```
reinit
*sample 1：画标量场的剖面
whitebackground
rc=gsfallow("on")  ;＊动态函数调用
cross_inc()     ;＊设置缺省值
*---------------------- 第一步：打开数据、设定时间 --------------------------*
 'open  vdras-20080730_0323.ctl'        ;*grib 数据 缺省第一个文件是当前要处理的文
                                         件，而不是新打开的文件。
* 'open  ../grib/grib1.ctl'             ;* 用第二个文件中的地面高度 (gpm) 画地形
 'open  dem 中国地形 .ctl'               ;* 用第二个文件中的地面高度 (m) 画地形
 'set t  1'                             ;* 定义数据时间


*------------------------- 第二步：左侧水平层要素图 -----------------------------*
 display( md01.gs )                     ;# 设计单独的 gs 脚本画"左侧"图
 'set dfile 1'                          ;# 必须恢复到第一个数据。
 'set t  1'                             ;# 必须恢复到所要的时间。
*  画剖面位置线段
#  pts = '2  115.888  40.0 117.00 39.3'  ;# 如果定义剖面位置 draw_cross_line 画出剖面线
    draw_cross_line( pts  )              ;# 如果上面没有定义剖面位置，系统等待用户
                                          用鼠标拉出剖面位置。


*--------------------------- 第三步：画剖面图 ---------------------------------*
```

（续表）

```
*3.1  设置剖面垂直范围 ( 如果不设，即采用所有垂直层的数据 )
 lev1 = 187.5 ； lev2 = 5437.5


*3.2  如果自定义剖面位置 - 用世界坐标定义剖面。
#   pts = '2  116.2  39.8 117.8 38.89'
#   pts = '2  115.888  40.0 117.00 39.3'
*-------------------------------------------------------------------------------------------------*
*3.3  画垂直速度场。等号右面是用户 ctl 文件中定义的变量名称。
 varb4 = 'w*10'              ；* 温度
 normal = 0                  ；* 标量场分析
 zlog = 0                    ；* 高度坐标数据 , 只需第一次给定
  cld = '"set gxout shaded' ；'set cint 0.2'"
  rec1 =cross_section( varb4,normal,pts,lev1,lev2,cld,zlog, 'zs.2' )
   'cbarn * * * * 1.0 '      ；# 加图例。 只给 ymin 一个参数，将图例向下调


*3.4  画流线。
 varb4 = 'u ； v ； w*10'

 normal = -1
  cld = '"set gxout stream' ；'set strmden 5' ；'set cthick 1'"
  rec1 =cross_section( varb4,normal,pts,lev1,lev2,cld,zlog )


*3.5  画温度。
 varb4 = 't'
 normal = 0
  cld = '"set cint 0.1' ；'set cthick 1'"
  rec1 =cross_section( varb4,normal,pts,lev1,lev2,cld,zlog, 'zs.2' )


if( 10 )
*---------------------------------------- 绘图后处理  ----------------------------------------
'draw title 剖面图 '              ；* 写 title
'nfile all'
endif

 ;
```

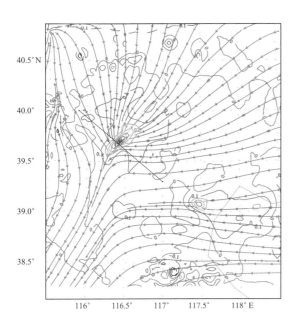 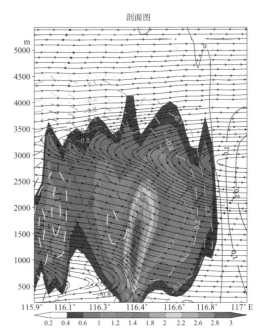

Cross_inc.gsf—剖面图动态函数

```
#UTF-8 无 BOM 格式编码存储。
function cross_inc()
* 设计一个空函数，函数名要与文件名相同。
* 在主函数中使用动态函数调用 cross_inc.gsf 文件,
* 打开动态通用，并调用 cross_inc() 函数 , 则之后包含在该动态函数中的所有函数都
可在外部被调用。
* rc=gsfallow("on")
* cross_inc()　注意 "function cross_inc()" 设计是不带参数的，因此调用时 () 括号间不
能有空格！
* 把 cross_inc.gsf 文件中的所有函数都包含在主函数中，即在主函数中可用。
* *.gsf 文件可以放在当前目录；或 $GASCRP 指示的目录；或 rc=gsfpath("dirlist") 设
定的目录。

* 设置缺省值：
 'set imprun default.gs'
 _ctopo = 13  ;* 地形颜色设置
* _aixlabsiz 剖面图坐标轴，等值线标值字符大小。缺省：0.12
 if( valnum( _aixlabsiz ) = 0 ) ; _aixlabsiz = 0.12  ; endif

 GADDIR=math_getenv(GADDIR)
 'set font 13 file 'GADDIR'/STFANGSO.TTF'  ;# 汉字字库
```

（续表）

```
  'set font 13'
*------------------------------       内部变量不要改 ------------------------------
*  _lev1 ='*' ;  _lev2 ='*' ; _ZLOG = '*'
  _psr=''   ; * 如果没有地面气压 / 地形高度 , 或不想画地形 , 设置 : _psr=''
  if( valnum( _time ) = 0 ) ; _time = 1  ; endif   ; * 保存第一个打开的数据文件设置的时间
  _scnd = 0    ; _vpage = 1    ; * 内部变量
  if( valnum( _type ) = 0 ) ; _type = 0    ; endif ; # _type = 0 : 剖面位置还未确定 ; _type
> 0 : 剖面位置已确定
  if( valnum( _lev1 ) = 0 )          ; _lev1 = '*'        ; endif
  if( valnum( _lev2 ) = 0 )          ; _lev2 = '*'        ; endif
  if( valnum( _ZLOG ) = 0 )          ; _ZLOG = '*'        ; endif
  if( valnum( _time ) = 0 )          ; _time = 1          ; endif
  _mproj= '*'  ; * 不要改此处
return
;
function cross_section( varb,   normal, pts,lev1,lev2,cld,zlog, surface_ps, mproj, nlv,np,
nx,gridon)
*******************************************************************
* 除 varb 外 , 所有参数可以给 '*' 表示用缺省值。                        *
*                                                                 *
*******************************************************************
* varb : 在剖面上要画的要素 , 如 t 温度等 ,                             *
* 或一组要素 ( 如 u ; v ; w 三个要素画流线等 , u ; v ; q 两个要素画通量等 )  *
* normal <0 : 计算矢量场沿着剖面的投影 ; =0（缺省）: 标量场在剖面上的数据 ;   *
* normal >0 : 矢量场垂直剖面的投影                                     *
*******************************************************************
* normal = 0   标量场在剖面上的数据                                    *
* normal = -11  u 分量沿着剖面的投影 ; normal = -12   v 分量沿着剖面的投影    *
* normal = 11  u 分量垂直剖面的投影 ; normal = 12   v 分量垂直剖面的投影      *
*******************************************************************
* pts : 剖面位置参数 , 格式 : '3  150  2  140  18  120 58'  ; *3 个节点的剖面。至少 2 个
节点以上。                                                          *
* pts 缺省为空字串 , 表示由鼠标点击两点或两点以上来确定剖面的位置。          *
* lev1, lev2 : 剖面的垂直范围。  缺省 : 取数据的所有垂直层。               *
* cld : 字符串 , 设置画等值线 / 填色图 / 流线 , 等值线间隔 , 虚线实线等画图修饰特征。
缺省为空字串 , 表示由系统自定。                                        *
* cld=-1 : 不画剖面图 , 只是用来分析、输出剖面上的数据                      *
```

（续表）

```
* 首先在调用 cross_section 之前，'set fwrite ../crs.dat' 设置输出文件名          *
* 可以加路径，如果不设置，缺省输出到 grads.dat/grads.ctl 文件 *
* zlog：是否采用垂直对数坐标（1: 对数（缺省）/0: 非对数）。对于同一个数据可以只
在第一次给定即可。                                                            *
* surface_ps 地面气压 / 地形高度。 地面气压 / 地形高度只是用于画地形。非必须。 *
* 地面气压 / 地形高度，与垂直坐标单位要一致。（hPa or Pa or m）              *
* 如果采用高度坐标，_ZLOG=0，并保证垂直坐标与地形高度单位一致，
* surface_ps=Zs, Zs 地形高度
*  surface_ps='ps/100'  ;* 等号右边是 ctl 文件中的变量名，并可以作运算，除 100,
*  即把 Pa->hPa。
* surface_ps="  ;* 如果没有地面气压 / 地形高度，或不想画地形，设置 ：_psr="（缺省）*
*  mproj：地图投影方式，只可能是：scaled（矩形网格）；nps/sps( 北 / 南半球极射投影）；*
*  latlon( 经纬度网格，缺省）；或星号 '*'( 用缺省值）                         *
* nlv：垂直等分层数，缺省：19 层                                             *
* np：剖面水平每段格点数（奇数），缺省 31 格点                               *
* gridon：是否画网格。 0 不画；1( 缺省），画水平和垂直网格线；2 只画水平；3 只画
垂直                                                                         *
* nx =7( 缺省）表示标 7 个 x 坐标值，根据 x 坐标的疏密增减。               *
* 函数返回：rec1' 'rec2' 'rec3 分别对应要素或一组要素在剖面上的数据。        *
*******************************************************************************
***********************          default set        **************************
...........

function display_file(dspv1, cld ,surface_ps, nx , gridon)
* 显示输出的剖面数据文件
*******************************************************************************
* dspv1：剖面上的二维数据                                                     *
* cld　  ：等值线 / 流线 / 填色图等定义的图形修饰方法。                       *
* 缺省 cld=" 为空字串，表示用系统自定义修饰方法。                             *
* gridon：是否画网格。0，不画；1，缺省 画水平垂直网格线；2. 只画水平；3. 只画垂直 *
* surface_ps 地面气压 / 地形高度。 地面气压 / 地形高度只是用于画地形。非必须。 *
* nx =7( 缺省）表示标 7 个 x 坐标值，根据 x 坐标的疏密增减。               *
*******************************************************************************
...........

function display( dpv,cld ,mproj, size)
*------------------------------------------------------------------------- *
```

（续表）

```
* 显示某一水平层的要素                                                          *
* dpv：要显示的要素（如 dpv=z/10）；                                            *
* cld：等值线修饰设置字符串或画流线填色等（如 cdl="'set cint 2'；'set ccolor 1'"）  *
* cld 缺省为空字符串                                                            *
* mproj：地图投影方式，只可能是：scaled（矩形网格）；nps/sps(北/南半球极射投影)；*
*        latlon(经纬度网格,缺省)；或星号 '*'( 用缺省值)                           *
* size：字符尺寸（缺省：0.09）                                                   *
*-------------------------------------------------------------------------------- *
* 或者dpv 是一个独立的 gs 文件（可带路径；且一定要以 .gs 结尾）                    *
* 即设计一个完全独立的 gs 文件来画左侧的图                                        *
*-------------------------------------------------------------------------------- *
...........
```

Md01.gs 文件清单—举例，设计单独的画图脚本。

```
# reinit ；# 此时不能刷新系统
  whitebackground
 case=1
###############################################################################
 if( case=1 )
case=1 是一种极端的例子，实际上此处画的图与剖面图没有任何关系，时间和垂直层
等都不同。
因此在 crs-vdras.gs 中，要"set dfile 1 和 set t 1"恢复原来数据。
 'open ../12_grib/grib1.ctl'
 'q files' ；#say 'nfile='result
  ；# 此处打开的数据可以跟 crs-vdras.gs 文件中打开不同的数据。则要 set file #n 把当
前数据设为活动数据。
  nfile ；rec=result ；say 'nfile===='rec
  if( rec > 1 ) ；'set dfile 'rec ；endif   ；# crs-vdras.gs 打开了两个数据，这里打开的是第
3 个数据。

 'set lon 70 150'        ；* 按世界坐标设置等压面图范围和层
 'set lat 10  60'        ；
 'set lev 500'           ；# 这套数据是等压面层的，
 'set t 1'               ；# 这套数据与 vdras-20080730_0323.ctl 也不是同一时次的。
## 注意：投影方式只可选 'set mproj latlon/scale/<nps/sps>' 这 3 种
 'set mproj  nps'
 'set mpvals 115 118.5 38.2 41'
```

（续表）

```
#  'set mpvals 100 130 15 50'
  'set xlint 0.5' ; 'set ylint 0.5' ;


 ; * 画 500hPa 温度
 'set gxout shaded'
 'set cint 1'
 'display  t-273'          ; * 温度
 'cbarn 1 0'               ; * 加图例等后处理


 dpv1 = 'z/10'             ; * 例如 500hPa 位势（等号右边是 ctl 文件中的变量名）
 'set gxout contour'
 'set ccolor 1'
 'set cint 1'
 'display  'dpv1           ; * 位势
Else
########################################################################
 'open  vdras-20080730_0323.ctl' ; * 注意：此文件有可能被打开了两次。如果是 2 次打
开 实际用的是第一个文件。
 ; # 你也可以选择打开与 crs-vdras.gs 相同的数据。
 ; # 但注意，单独运行，数据是采自 md01.gs 文件，而加入到 crs-vdras.gs 文件是，
 ; # 实际上你用到的是 crs-vdras.gs 文件中打开的数据，只是刚巧，两者效果是一样的。
 'set lev 187.5'
 'set t 1'
 'set lon 100 130'        ; * 按世界坐标设置等压面图范围和层
 'set lat 10  60'
 'set mproj  nps'
 'set mpvals 115.5 118.5 38.5 40.5'


  dpv1 = div              ; * （等号右边是 ctl 文件中的变量名）
  dpv2 = 'u ; v           ; div'
  'set xlint 0.5'         ; 'set ylint 0.5' ;
  'display 'dpv1          ; * 显示 div
  'set gxout stream'      ; 'set strmden 3' ;
  'display 'dpv2          ; * 再叠加 u ; v
 endif
 ;
```

● **fprint.gs—图形输出功能**

用法：在画完图形后，在模板中加上以下语句：

fprint

或输入命令：**ga->fprint**

采用缺省值，生成 tmp.pdf（pdf 格式）的图形文件。或

'fprint << 路径 > 文件名可带扩展名 >'

缺省文件名：tmp.pdf；根据文件扩展名如 .png/.pdf 生成相应格式的文件，如 tmp.png。

● nfile.gs—显示已打开文件信息或关闭已打开的文件，可在脚本中或命令行中使用。

用法 1：'nfile'； 不带参数时 返回当前已打开的文件个数

用法 2：'nfile 参数 '

参数 =all/a　 关闭所有文件

参数 =last/l　 关闭最后一个文件

参数 =first/f　 关闭所有文件，但保留第一个文件是打开的

参数 =3　　 关闭最后 3 个文件 (如果 参数 > 当前打开的文件个数，关闭所有)

● 格点数据输出功能—再造新数据。

用于 grib，NetCDF 数据时，GrADS 可以当成一个解码器使用；用于客观分析等复杂数据加工过程时，可以存储新生成的数据以及把分布在多个文件中的数据提取出来存于一个文件等。

dummy.gs

```
'open  ../model.le.ctl'
'set lon 90 180'            ; # 范围设置最好在整倍数格点上。要确认是否在格点上
'set lat 18 78'            ; # 可用 q dims 命令，或直接用网格坐标设置，如 set x 19 30。
'set lev 700'
'd z'
'set gxout fwrite'        ; #gxout 设置为 fwrite
'set fwrite dummy.dat'    ; # 设置输出文件名
'd z'                     ; # 第一个记录输出纬度从 18 到 78；经度从 90 到 180 范围内
say result                ; #700hPa 的高度场写到 dummy.dat 文件。
'q dims'  ; say result
'q undef' ; say 'undef='result   ; # 注意输出数据的无效值发生了变化。
'set lev 500'
'd z'                     ;#第二个记录输出 500hPa 的高度场,写到 dummy.dat 文件。
say result
'q dims'   ; say result        ; # 根据显示结果构造 ctl 文件。
```

```
'disable fwrite'                    ;＃记住一定要关闭文件。


'########################## 以下按 ACSII 码输出数据 '########################
'set  gxout  print'                 ;＃设置 gxout 为 print 方式
'set lev 700'
'd  z'                              ;＃显示 700hPa 位势高度
*say result
file='dummy.txt'
rc=write(file,result)              ;＃将 700hPa 位势高度写入 dunmmy.txt 文件
'set lev 500'
rc=write(file,result,append)       ;＃将 500hPa 位势高度也写入 dunmmy.txt 文件
rc=close(file)                     ;＃记住一定要关闭文件。


'########################### 输出 NetCDF 格式 #########################
'set gxout contour'
'set sdfwrite -flt ZZ.nc'          ;＃输出 NetCDF 格式数据只能一个文件放一个要素，因此
位势和温度是放在两个文件中的
'set lev 700  500'
'zz=z'
'sdfwrite zz'  ;say ' 输出 700 500hPa 位势 : 'result
'undefine zz'

'set sdfwrite -flt TT.nc'
'set lev 700 500'
'tt=t'
'sdfwrite tt'  ;say ' 输出 700 500hPa 温度，放在另一个文件中 '
'undefine tt'
'nfile all'
;
```

　　＊注：dummy.dat 二进制数据文件的 ctl 文件可仿造 model.le.ctl 来构造。即应与数据"来源"的 ctl 文件相似。"q ctlinfo"命令可显示当前数据的 ctl 文件的写法，用 NetCDF 数据时用上述命令也可帮助你写出由 NetCDF 数据转存为 2 进制数据所需的 ctl 文件。
　　分析 q dims 命令显示结果，帮助构造 ctl 文件。

```
Default file number is : 1
X is varying   Lon =  90   to  180   x =  19  to  37
Y is varying   Lat =  18   to  78    y =  28  to  43
Z is fixed  Lev = 500 z = 4
T is fixed …
```

dummy.ctl

```
dset  dummy.dat
*options little_endian cray_32bit_ieee        19=37-19+1
*UNDEF  -2.56E33      ; * 采用 model.le.ctl 中的值
UNDEF  -9.99e+08      ; *采用 dummy.gs 输出的 dummy.txt 文件中说明的 UNDEF 的值
TITLE 1 Days of Sample Model Output
XDEF 19 LINEAR   90.0   5.0   数据的间隔与原数据相同（5×4）。
YDEF 16 LINEAR   18.0   4.0
ZDEF 2 LEVELS 700 500      垂直坐标即 700 和 500hPa
TDEF 1 LINEAR 02JAN1987 1DY 时间是 5 天中的第一天
vars 1
z    2  99  Geopotential Heights
ENDVARS
```

Dummy.txt—ACSII 码数据输出文件 19×16=304 个数据，按从西向东再从南向北存放。注意"坏点"

```
Printing Grid -- 304 Values -- Undef = -9.99e+08
5828.06 5817.04 5819.46 5839.75 5856.01 5862.2 5871.33 5886.93
5898.75 5904.94 5909.77 5910.71 5907.49 5901.44 5894.18 5888
5882.89 5879.4 5876.31 5766.23 5749.84 5746.07 5776.31 5816.9
5848.49 5868.92 5889.88 5901.71 5906.15 5903.73 5897.27 5885.58
5875.5 5863.54 5855.34 5852.52 5853.19 5858.16 5672.69 5669.6
5664.23 5683.44 5739.62 5797.55 5836.39 5862.87 5871.6 5867.98
5855.34 5834.78 5809.65 5788.14 5777.12 5772.01 5773.09 5773.22
5779.14 5627 5621.49 5617.32 5611.54 5647.02 5711.67 5762.34
5801.98 5799.43 5789.35 5759.51 5722.82 5686 5651.19 5644.87
5656.56 5673.1 5677.8 5675.25 -9.99e+08 5575.25 5563.16 5564.37
...
```

dgrib.gs—对于原数据 y 方向是反向的，输出后变为 y 方向是正向放置。

```
'open ../12_grib/grib1.ctl'
'set lon 90 180'
```

```
'set lat 18 78'
'set lev 700'
'd z'

'set gxout fwrite'
'set fwrite dgrib.dat'     ;* 输出 2 进制数据
'd z'
'set lev 500'
'd z'
'q undef'
'disable fwrite'

file='dgrib.txt'              ;* 输出 ACSII 码输出
'set gxout print'
'd z'
*say result
rc=write(file,result)
rc=close(file)

* 画 700hPa 数据
'set vpage 0 4 0 5'
'set lon 90 180'
'set lat 18 78'
'set lev 700'
'd z'          ;* grib1.ctl 中的数据是按 y 倒序存放的。
say result
'close 1'

* 画输出文件中 700hPa 的数据
if( 10 )
'open dgrib.ctl'
'set vpage 4 8  0 5'
*'set lon 90 180'
*'set lat 18 78'
'set lev 700'
'd zh'  ;
say result
say " 两张图显示一样，说明 dgrib.dat 中的数据不是按 y 倒序存放的。"
```

（续表）

```
'q dims'
say result
endif
```

　dgrib.ctl

```
dset  dgrib.dat
*options little_endian cray_32bit_ieee
UNDEF  -9.99E8
TITLE 1 Days of Sample Model Output
XDEF 91 LINEAR  90.0 1.0
YDEF 61 LINEAR  18.0 1.0
ZDEF 2 LEVELS 700 500
TDEF 1 LINEAR 02JAN1987 1DY
vars 1
zh    2  99   Geopotential Heights
ENDVARS
```

● **linterp.gs—将粗网格数据插成细网格数据（将 5×4 的数据插成 1×1 的数据）**

```
reinit
whitebackground
if( 10 )
'open ../model.le.ctl'       ;＃打开第一个文件 5×4 数据
'open ../12_grib/grib1.ctl'  ;＃打开第二个文件 1×1 数据，注意两个文件的时间不同。
'set lon 90 180'
'set lat 18 78'
'set lev 700'
'd z'                        ;＃画 5×4 数据

'set gxout fwrite'
'set fwrite lterp.dat'

'd lterp(z,t.2)'             ;＃t.2 是取第二个文件的温度场，这里只用到数据的网格，并
                            ;＃关心温度的值是多少。
 say result
'q dims' ; say result
```

（续表）

```
'set lev 500'
'd lterp(z,t.2)' ；say result
'q dims' ；say result
'q undef' ；say result
'disable fwrite'
# 手动书写 lterp.ctl 文件
endif


if( 10 )


##################################
* 输出 ACSII 码数据 (500hPa)
'set gxout print'
'd lterp(z,t.2)'
```

lterp.ctl—手动构造 ctl 文件，可参考 model.le.ctl 和 grib1.ctl

```
dset  lterp.dat
*options little_endian cray_32bit_ieee
UNDEF  -9.99E8
TITLE 1 Days of Sample Model Output
XDEF 91 LINEAR  90.0 1.0
YDEF 61 LINEAR  18.0 1.0
ZDEF 2 LEVELS 700 500
TDEF 1 LINEAR 02JAN1987 1DY
vars 1
zh    2  99  Geopotential Heights
ENDVARS
```

● 中国国界，各省界，主要河流画法 (china1.gs, china.gs)

china.gs（在 lib 目录下，不能单独使用。可用的数据在 dat/china 目录下）

```
function  china( args  )
##say 'args='args
file = subwrd( args, 1 )
col  = subwrd( args, 2 )
yes  = subwrd( args, 3 )
if( file = '' | file='*' ) ；file='chinaboarder.dat' ；endif
if( col  = '' | col ='*' ) ；col=2 ；endif   ；*2, 红色，缺省线条颜色
```

（续表）

```
if( yes = '' | yes ='*' )；yes=0；endif
xx  = subwrd( args, 4 )；*say xx
if( xx = '*' )；xx = 3.0；endif
no  = subwrd( args, 5 )
if( 1 )
say '----------------------------------------------------'
say 'usage:'
say ' china <filename> <col> <filled_form(0/1/2/3)> <cb1_out.cb2_in.cb3...> <No>'
say ' filename(default=chinaboarder.dat)'
say ' col(2):  line cloour'
say ' filled_form(0)=0 only draw lines'
say '            1 fill outside；'
say '            2 fill both in and out；'
say '            3 fill inside'
say ' cb1.cb2(3.0)  cb1 outside filled colour；cb2 inside clour'
say ' No=1/2/3...,  index which number of close area you want'
say '----------------------------------------------------'
*say ' ------------  show options  -----------------  '
```

china.gs 的用法

'china <chinaboarder.dat> <2> <0> <3.0> <No>'

参数说明

1） 地图数据文件名，可以带路径（缺省：chinaboarder.dat），首先到 dat/china 目录下找，或到当前目录、或到指定目录下读数据。

2） 画边界线的颜色（缺省：2，红色）。

3） 填充方式，0/1/2/3（缺省：0，只画线）。1：在区域外填色；2：内外都填色；3：只在区域内填色。

4） 填色颜色列表。用小数点分隔。整数部分代表区域外的颜色，其后是多个区域内颜色。如 '3.1.2.4.5'。（缺省：3.0）。

5） 区域编号。当地图数据为 province.dat 时，数据中包含全国各个省的闭合边界数据。对于数据中包含有多条闭合曲线时，对每个闭合曲线编一个号码，通过指定号码，针对某一指定区域使用。数据中的"号码"非负整数，从小到大编号，数字可以不连续。如果不指定"区域编号"，则画数据中所有曲线或在所有区域内填色。

以上参数可以从后向前省略，或用 * 表示使用缺省值。地图数据文件名可以带文件路径，程序运行时，先到 dat/china 目录中搜索所需的地图数据文件。如果未找到，再按 < 带路径 > 文件，到指定目录或当前目录下搜索文件。

china.gs 可读入 dat/china 目录下的边界数据文件，这些数据都是文本文件，参照说明，用户今后也可以组织自己的数据。数据大致可以分为 3 类。数据文件格式说明如下：

第一类，线条数据。最简单的格式，如 rivers.dat、river_2.dat、island.dat 等，这类数据不带任何修饰参数。内部包含很多线段。

river_2.dat—长江黄河边界数据，由很多线段连接而成，此类数据只用于画线条。

```
Yantze river and Yellow river  第一行说明文字，不影响画图，只是给用户看的。
47
107.798870 41.209938
107.801860 41.207539
……………
10
107.548710 41.247700
107.544200 41.238312
……………
28
107.782770 41.202827
107.771220 41.197781
……………
```

长江、黄河是由多条数据绘制完成。第一行是数据总体说明文字，从"第二行"开始，是一段一段的线条数据。其中"第二行"是此线段总点数。如 47，代表此段有 47 个点，每一个点用经度、纬度表示。

第二类数据是用一段线段或多段线段数据组成的闭合区域（闭合曲线的要求是线段的开始与结束点之间的经纬度差值绝对值小于 0.1），可用于画线或填色。如 province.dat，Beijing.dat，DongBei3p.dat(东北 3 省)，XiangGang.dat(香港)。每段线段或闭合线段上：点数，<区域 / 线段编号>，<跳点个数>，<说明文字>，第 2、3、4 项参数可省略。

province.dat—各省、直辖市区域的闭合曲线，用于画内 / 外填色图（有些省份数据可能还需进一步加工处理，如香港，河北（因为含有廊坊市）等）。建议如果你只要针对某省数据作图，请把该省数据独立出来，以加快绘图。

```
China provinces boundary in closed area  第一行说明文字，不影响画图，只是给用户看的。
5783  1  说明：黑龙江省由 5783 个点组成，区域号 =1
121.488440  53.332649
121.499540  53.336006
……………
5677  2  内蒙古  neimenggu
121.488440  53.332649
121.497380  53.321045
……………
```

第2行：边界点个数 省份编号 <跳点个数> <黑龙江省文字说明> <>部分都可以省略。同一个文件中省份编号从小到大（可以不连续），但不能有重复编号。

XiangGang.dat—香港边界数据，其中即有第一类又有第二类数据，第一类数据只能用于画线条，第二类数据可以画区域内 / 外填色图。

```
China provinces boundary in closed area
460 33 1 XiangGang  大行政边界，区号 =33  可填色，
   114.22590     22.544956   第 1 个点
   114.22600     22.544437
   ················
   114.22589     22.544992   第 460 个点 组成一个闭合区域。
8 34  其后各岛（区域编号 =34），只能内部填色
114.314930 22.532709
114.313100 22.534466
114.308570 22.535864
114.308950 22.533354
114.311390 22.529556
114.317700 22.527319
114.317670 22.532375
114.315980 22.536207
9 <34>  数字 34 可省略，系统认为区号不变，还是 34。因此你可以只在每个区域开始
处命名区号。
114.302990 22.515144
114.297440 22.512589
114.300970 22.506773
   ················

第 2 行：33- 香港行政边界区域编号， ＜跳点个数＞ ＜文字说明＞  可用于区域的内 /
外填色图
   ················

以下多段区域编号都为 34 的线段，代表香港众多岛屿边界线段。其区域编号都为 34。
当使用多段线段 / 闭合线段来表示同一区域时，它们具有同一级的区域编号，你也可
以只在第一段和最后一段线段数据上给出区域编号，以示区分前后是不同的区域。编
号为 33 的为第二类数据，区域编号为 34 的为第一类数据。 Beijing.dat、DongBei3p.
dat( 东北 3 省 ) 相似。china.gs 用区域编号的不同来区分数据。
```

第三类数据是由多个不相邻的闭合区域组成的一个闭合区域，如 Chinaboarder.dat 包含了中国大陆、台湾和海南岛三个区域。Hebei.dat 包含河北省廊坊地区。

Chinaboarder.dat—用于画全国区域"国界"（中国大陆 + 台湾 + 海南岛，不含九段线，此国界不标准），也可用于内 / 外填色图。

China national boundary 大陆 + 台湾 + 海南岛

15625 1   15   此段数据定义了跳点数=15,跳点能增加画图速度,但降低精度。

121.005480 53.287510 第 1 点。东北

121.008120 53.287380

....

120.000000 26.605484 第 15625 点。在福建,不构成闭合区域。

885   1 2 TaiWan(885points)

121.803740 25.147257 第 1 点,在靠近大陆一侧

121.808720 25.145723

....

121.803740 25.147257 第 885 点。与"第 1 点"相同,组成一闭合区域

7453   1   20   从台湾区域回到大陆区域

120.000000 26.605484 第 1 点。与之前的"第 15625 个点"是相同一点

119.996840 26.600748

....

110.121700 20.234665 第 7453 点。在广东,不构成闭合区域。

1373 1 5   HaiNanDao 32 (1372)

110.149840 20.008652 第 1 点

110.151760 20.009113

....

110.149840 20.008652 海南岛第 1373 点,与第 1 点相同。

23144 1   15   从海南岛区域回到大陆区域

110.121700 20.234665 第 1 点。与之前的广东"第 7453 点"是相同一点

110.117970 20.240498

....

121.005480 53.287510 第 23144 点。回到之前的东北"第 1 点",构成一闭合区域。

此文件由 5 段数据组成同一区域,即中国大陆区域分了 3 段,台湾主岛和海南大岛,每段数据的开始与"第 2 行"参数大致相同。数据中所有区域编号 / 或线段编号都 =1,说明它们是同级的。河北省 (Hebei.dat) 的地图数据也是用上述方法处理过的。

countyregion.txt—全国县界,可用于画县界或内 / 外填色图

micaps 102 县界及名称 head=2

52.933796 122.697067 漠河县

799

122.780098 52.251301

122.774460 52.253529

```
122.770317  52.255547
122.761253  52.260944
122.755928  52.265461
122.750732  52.264954
122.734879  52.258858
122.723007  52.257370
    ……………
52.706066 124.624550 塔河县
788
125.577553  52.561035
125.574303  52.558876
125.572563  52.553188
125.575050  52.549721
    ……………
```

说明：

此类数据取自 Micaps 102 类数据，第一行也是作说明作用，但特别添加 "head=2" 标志，说明之后每段数据数据都有两行 "头"。

"第一行：纬度 经度 县名称"，如 52.933796 122.697067 漠河县

"第二行：该段总点数"，799

建议大家不要直接使用此文件，而是把你要用到的 "县" 拷出来单独组成文件。否则速度之慢让你无法忍受。

　　Beijing.dat—多个闭合区域（与香港区域数据类似）

```
39.996284  115.780296 北京市市辖区
 1334 8 1  所有区县外边界，可填色，其后各区县，可填色
   116.95786        40.045979      第 1 点
   116.95533        40.045658
     ……………
   116.95786        40.045979      第 1334 点。构成闭合区域
288 9 1 门头沟
115.416519  39.952854            第 1 点
115.413811  39.957645
     ……………
115.416519  39.952854            第 288 点。构成闭合区域
281 10 1 市中心区
116.151100  39.892418            第 1 点
     ……………
```

　　"东北三省 .dat"实际上就是从 province.dat 数据中把"东北"3 个省的数据挑出来组成一片区域（注意，区域编号要由小到大，或设为都是同级），主要用于填色。用户了解了数据文件的构成，将很容易构造自己的数据。

　　下面举例应用上述数据。

● china_basemap.gs－调用 china.gs

```
'open ../model.le.ctl'
rc=gsfallow("on")  ；* 调用动态函数 southchinasea
 'set mproj  lambert'
 'set lon 70 140'；'set lat 14  54'；
 'set mpt *  2'
 'set mpdset cnriver2'
   'draw  map'    ；# 画河流
'd z/9.8'
*fill color outside of China/or inside
 'china chinaboarder.dat 2 1 0.3'        ；# 外填色，只保留内部图形

 'lab_latlon'                    ；# 标经纬度
 southchinasea(10, '*' , '*' , 0.8)      ；# 画南海小图

if( case=2 | case>2）某省
 'set lon 120 132'；'set lat 40  48'；
str = province.dat' '2' '2' '10.5' '4
  'china 'str                 ；# 省内外填色

 'set gxout contour'
'd z/9.8'                    ；# 画等值线

#'set line 5 1 9'；* 可以在 china.gs 之外设置线粗细
  'china province.dat 2 0 3.4.5 4'    ；# 省界

 'set mpdraw off'              ；# 关闭海陆线
   'draw map'                ；# 标海陆线，如果 mpdraw on 状态
```

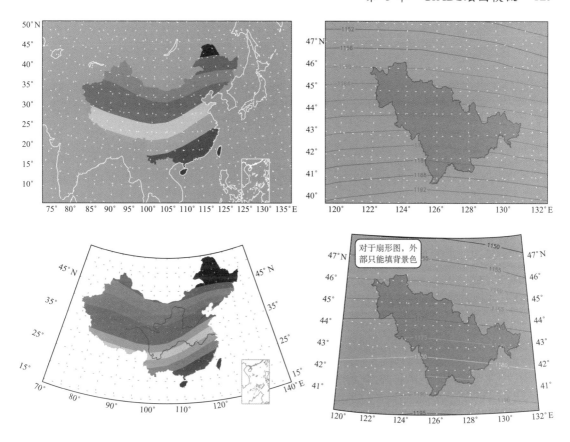

China_clipt—用剪裁的方式画区域内图形

```
'open ../model.le.ctl'
if( 10 ) ; # 在区域内画等直线
  'set mpdset lowres newcn'      ; # 加上 9 段线（newcn）。 mpdset 可以设置多个地图文件
  'set cmin 9999' ; 'd lon'      ; # 补齐边框、经纬度线

  'set cairo_clip chinaboarder1.dat -fill 4' ; # 用文件设置剪裁 并填色

  'd z/9.8'
  'set cairo_clip off' ; # 关闭剪裁区域
  'draw line chinaboarder1.dat -line 3' ; # 画线，但不含 9 段线
endif

if( 10 ) ; # 在区域外画等直线
  'd z/9.8'
  'draw polyf chinaboarder1.txt -fill 3' ; # 在区域内填色。
  'draw line chinaboarder1.dat -line 2'      ; # 画线。chinaboarder1.dat 与 chinaboarder1.txt 可互换。
# chinaboarder1.txt=chinaboarder1.dat 可以划线、填色，与 china_basemap.gs 用的
 chinaboarder.dat 也相同。只不过 chinaboarder1.dat 是 2 进制文件，读取速度更快。
```

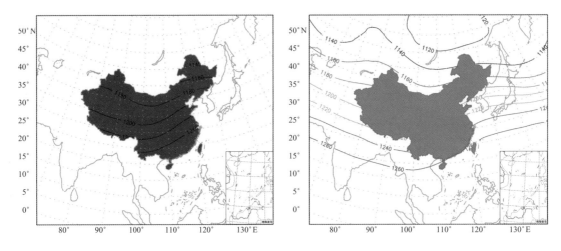

China1.gs—处理各省的例子

```
'open ../12_grib/grib1ctl'

all = 61

if( all=1 | all >10 )
   if( all > 10 ) ; 'set vpage 0 4.25  0 3.6666' ; endif
   china_clip
endif

if( all=2 | all >10 ) ; # 黑龙江 + 吉林 + 辽宁 区号 0= 外界 ; 1= 黑龙江，4= 吉林 ...5= 辽宁
 'set lon 117 137' ; 'set lat 38  54'
 'china DongBei3p.dat * 2 0.15 0'         ;* 黑龙江 + 吉林 + 辽宁外界区号 =0 内外都填色
 'china DongBei3p.dat * 3 5.3.7.8.9'      ;* 黑龙江 + 吉林 + 辽宁 内填色，为 4 个区域分
别指定不同颜色。
 'china DongBei3p.dat 4'                  ;* 黑龙江 + 吉林 + 辽宁 画所有线
 'set line 2 1 6'
 'china DongBei3p.dat 2 0 * 0'            ;* 最外边界
 'd z'
 'china DongBei3p.dat * 1 0.15 0'         ;* 黑龙江 + 吉林 + 辽宁外界区号 =0 内外都填色
 'set cmin 9999' ; 'd lon'                ;# 补齐边框、经纬度线
endif

if( all=3 | all >10 )   ; # 香港（区号 33 = 大行政边界，其后各岛区号都是 =34）
  'china XiangGong.dat 7 3  *.7.8' ;* 在区号 =33,34 区域内填色（不给区号，即画所有
区域填色。第一个区 (33) 填色 =7，第 2 区 (34) 填色 =8)
```

（续表）

```
* 'china XiangGang.dat 7 3  *.7.8' ;* 在区号 =33，34 区域内填不同色（不给区号，即
在所有区域填颜色。因为数据中只有区号 33 和 34）
* 'china XiangGang.dat * 3 5.3 34'      ;* 给区号 =34，指定画 34 区线内填色 =3
# 'china XiangGang.dat 3 '            ;* 不给区号，画数据中所有曲线
 'd ps'
 'china XiangGang.dat 7 1 11 33'       ;* 在区号 =33 区域外填色
 'china XiangGang.dat 6 * * 33'        ;* 给区号 =33 区域画边界线
 'lab_latlon  1 1'
if( all=4 | all >10 ) ;# 北京 区号 8= 外界 ；9= 门头沟，10，11，... ，19
 'China Beijing.dat * 3 5.3 8'   ;* 北京各区县内填色，不给区号，即在数据中所有区域填色。
 'China Beijing.dat 7'           ;* 北京各区县画线，不给区号，画数据中所有曲线

 'China Beijing.dat * 1 5.3 8'   ;* 北京各区县外界线外填色。
 'set line 8 1 12'
 'China Beijing.dat 8 * * 8'              ;* 北京外界线
 'set cmin 9999' ；'d lon'       ;# 补齐边框、经纬度线

if( all=5 | all >10 ) ；#  河北：第一条线（区号 =7）+ 廊坊市闭合线（区号 =7）+ 第
三条线（区号 =7）
 'china  hebei.dat * 2 33.3'      ;* 内外都填色(这里的区号和 / 或数据中的区号可以省略)
 'set gxout stream' ；'set strmden 10'
 'd u ；v'
 'china  hebei.dat * 1 33.3'      ;* 外填色
# 'china  hebei.dat 7 * * 7'      ;*7 号区域画线
 'china  hebei.dat 7'             ;*7 号区域画线
# 'lab_latlon * * * 1'
Endif

if( all=6 | all >10 ) ；# 河北 + 北京
 'basemap_shp'
 'china hebei_beijing.dat * 3 5.3 6' ；*hebei_beijing.dat 文件中只有一条边界曲线（区号 =6）
 'set line 12 1 12'
 'china  hebei.dat 12'               ;* 单画河北边界线
 'china  Beijing.dat 8 3 *.13 8'    ;* 单画北京的外边界 + 内填色
 'set gxout stream' ；'set strmden 10'
 'd u ；v'
 'china hebei_beijing.dat * 1 5.3 6' ；*hebei_beijing.dat 文件中只有一条边界曲线（区号 =6）
```

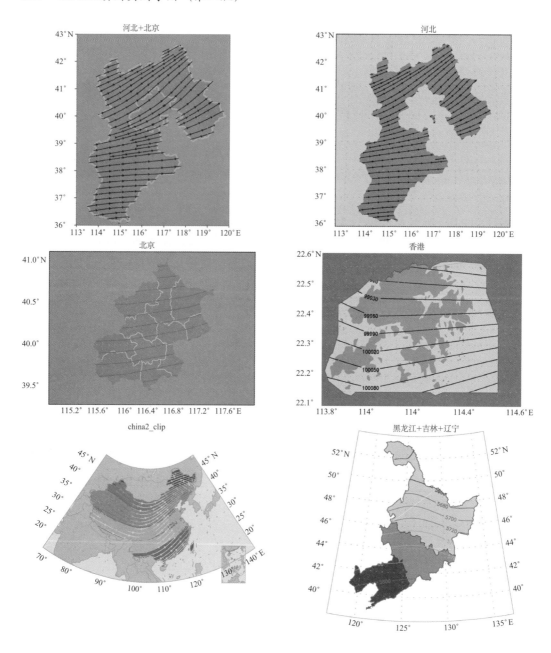

china2.gs—上述 china_basemap.gs 与 basemap.gs 和在一起用的效果。需要 ImageMack 工具支持。

```
'open ../model.le.ctl'
 rc=gsfallow("on")  ;* 调用动态函数 southchinasea

'set imprun default.gs'
'set mproj nps'
'set lon 70 135'
```

（续表）

```
'set lat 15  55' ；
'set lev 200'

*draw China background
 china_sea              ；* 海洋背景颜色（缺省 =42）；陆地背景颜色（缺省 =34）；中国区
域背景颜色（缺省 =35）；中国区域河流颜色（缺省 =2）
'fprint  tmp0.png'    ；* 输出到 tmp0.png 文件中。

 'set frame off' ；
 'set ccolor rainbow'
*'set gxout shaded'
 'set gxout stream'
*'d z/9.8'
 'd u ；v ；t'

*fill color outside of China
 'china chinaboarder.dat 10 1 0' ；* 中国区域外填色（0 白色）
*draw china boundary lines
 china                      ；* 中国国界
# 'lab_latlon'              ；* 标经纬度值
* southchinasea()
* southchinasea(42,'*', '*' , 0.7) ；* 画南海小图，当传递参数为 * 时，要加单引号：'*'
* southchinasea( china_sea)      ；* 调用 china_sea 画南海小图，china_sea 参数都用缺省值。
 southchinasea("china_sea * * * 2 2",'*', '*', 0.8) ；* 调用 china_sea+ 参数画南海小图
if 0
*  补上所有经纬度线（中国区域外的）
 'set cmin 99999'
 'set grid on  3  2'
 'd lat'
 'lab_latlon'
endif
'fprint tmp.png' ；* 把只有中国区域内等值线的图输出到 tmp.png 文件

* overlaye the two map

 '!convert -transparent white tmp.png tmp1.gif'       ；*tmp.gif 图中的白色转成透明色
 '!convert -composite tmp0.png tmp1.gif china2.gif' ；*tmp0.gif 与 tmp1.gif 叠加
*'!convert -adjoin tmp0.png tmp1.gif china2.gif'       ；*tmp0.gif 与 tmp1.gif 叠加
 '!rm  tmp1.* tmp.*  tmp0.*'                          ；* 删除中间文件
```

（续表）

```
;

    China2_clip.g—用剪裁方式，全矢量图形输出

# 与 China2.gs 效果一样
reinit
 'open ../model.le.ctl'
 'open  cmodel.le.ctl'  ;# 臆造一个 0.5×0.5 的数据
 rc=gsfallow("on")  ;* 调用动态函数 southchinasea
 whitebackground

'set imprun default.gs'
'set mproj nps'

'set lon 70 135'
'set lat 15  55' ;
'set lev 200'

*draw China background 以下三行都行
 ' 中国 _ 陆地 _ 海洋 _ 背景 .gs'          ;* 海洋背景颜色（缺省 =42）；陆地背景颜色（缺
省 =34）；中国区域背景颜色（缺省 =35）；中国区域河流颜色（缺省 =2）
# china_sea
# china_sea_shp

# southchinaseashp("china_sea_shp * * * 2 2",'*', '*', 0.9) ;* 调用 china_sea+ 参数画南海小图）
###############################################################################
# 目前由于 cairo_clip 的问题，此部分只能放到最后。
 gaddir=math_getenv(GADDIR)
# 'set cairo_clip ' gaddir'/china/chinaboarder.dat'    ;# 多联通区域中画图，但不要划线。
 'set cairo_clip  chinaboarder1.dat'                ;# 多联通区域中画图，但不要划线。

 'set ccolor rainbow'
 'set gxout shade1'            ;# 由于 5×4 数据太粗，用剪裁时，画填色图太差
* 'd z/9.8'
 'd lterp(z.1/9.8, pss.2)'         ;# 解决办法是将粗网格数据插到细网格再画图
 'set gxout contour'
 'd z/9.8'
```

（续表）

```
'set gxout stream'
'set ccolor rainbow'
'd u ; v ; t'
'set cairo_clip off'  ; #
'set gxout contour'
'set cmin 99999'
'd z'
###########################################################################

# 'set mpt * 2' ; # 画红线 国界
# 'set mpdset newcn'   ; * 全球海陆分界 + 中国国界 + 各省边界 + 台湾 + 海南岛，但
不含南海 9 段线及大小岛屿
# 'draw map'


#'fprint tmp.png'
```

southchinasea.gsf 画南海小图（不能单独使用，用法见上例，在 lib 目录下）

```
function southchinasea(backgcolor,lcolor,dx,bottom_right,lat1,lon1,lat2,lon2)
* backgcolor   ; * 背景颜色（缺省图黑色 =0）
* lcolor       ; * 线条颜色（缺省图灰色 =15）
* dx           ; * 南海区域图的水平范围（缺省 dx=0, 图的 1/8 水平长度）
* bottom_right ; * 取值 −1 到 +1 ;（缺省 =1, 右下角 ; −1, 左下角 ; 0, 中间）
* 南海区域经纬度范围
* lat1         =0N
* lon1         =104E
* lat2         =25N
* lon2         =123E
…
```

两种使用方式

（1）southchinasea（< 背景颜色 >,< 线条颜色 >,< 水平范围 >,< 位置 >,< 纬度经度 >）

（2）southchinasea(china_sea <ocolor <lcolor <ccolor <rcolor>>> ,…)，此方式调用
china_sea.gs。

china_sea.gs 画中国地图背景，不能单独使用，用法见 china2.gs。在 lib 目录下。

```
Function china_sea( args )
ocolor    = subwrd( args , 1 ) ; * 海洋背景颜色（缺省 =42）
lcolor    = subwrd( args , 2 ) ; * 陆地背景颜色（缺省 =34）
```

（续表）

```
ccolor      = subwrd( args , 3 ) ; * 中国区域背景颜色（缺省 =35）
rcolor      = subwrd( args , 4 ) ; * 中国区域河流颜色（缺省 =2）
bcolor      = subwrd( args , 5 ) ; * 中国国界颜色（无 , 不画国界）
…
```

可以为海洋、陆地、中国区域、河流和国界填 5 种不同的颜色。

southchinaseashp.gsf—用 shp 文件画南海小图（在 lib 目录下）。

```
function southchinaseashp(backgcolor,lcolor,dx,bottom_right,lat1,lon1,lat2,lon2)
# 用于画图右 / 左下角 中国南海区域小图，用 shp 文件 速度更快。
*say args
* backgcolor    ; * 背景颜色（缺省图黑色 =0）
* 或 backgcolor = china_sea_shp<.gs> < 参数 1> ... < 参数 8> 调用 china_sea_shp.gs < 参
数 1> ... < 参数 8> 画南海区域
* lcolor        ; * 线条颜色（缺省图灰色 =15）
* dx            ; * 南海区域图的水平范围（缺省 dx=0, 表示取图水平长度的 1/8 长度）
* bottom_right ; * 取值 −1 到 +1 ;（缺省 =1, 右下角 ; −1, 左下角 ; 0, 中间）
* 南海区域经纬度范围
* lat1          =0N
* lon1          =104E
* lat2          =25N
* lon2          =123E
…
```

两种使用方式

（1）southchinasea（< 背景颜色 >,< 线条颜色 >,< 水平范围 >,< 位置 >,< 纬度经度 >）

（2）southchinasea(china_sea <ocolor <lcolor <ccolor <rcolor>>>> ,…)，此方式调用 china_sea_shp.gs。

china_sea_shp.gs 用 shp 文件画中国地图背景（在 lib 目录下）。

```
function china_sea_shp( args )
lcolor  = subwrd( args , 1 ) ; * 陆地背景颜色（缺省 =34）
ocolor  = subwrd( args , 2 ) ; * 海洋背景颜色（缺省 =42）
ccolor  = subwrd( args , 3 ) ; * 中国区域背景颜色（缺省 =35）
rcolor  = subwrd( args , 4 ) ; * 中国区域河流颜色（缺省 =2）
bcolor = subwrd( args , 5 ) ; * 中国国界颜色 , 南海岛 , 台湾 , 九段线（缺省 : 5）, 负值 : 不画
pcolor = subwrd( args , 6 ) ; * 中国各省界颜色   （缺省 15）              , 负值 : 不画
wcolor= subwrd( args , 7 ) ; * 各国国界海陆界颜色 ( 缺省 15)              , 负值 : 不画
res     = subwrd( args , 8 ) ; * 分辨率（L/M/H）（缺省 M）…
```

中国 _ 陆地 _ 海洋 _ 背景 .gs —画中国地图背景（在 lib 目录下）。

```
function  China_L_S( args )
##################################################################
# 分别为：1, 全球陆地填色 + 2, 全球海洋填色 + 3, 中国陆地填色 + 4, 画 长江 + 黄河 #
# Usage: 中国 _ 陆地 _ 海洋 _ 背景 <海洋背景颜色> <陆地颜色 > <中国陆地填色 >#
#              <长江黄河颜色> <中国国界颜色 > <各省界颜色 > <分辨率 >#
#              <lon 起点 > <lon 终点 > <lat 起点 > <lat 终点 >              #
#                                                                #
# 注意：此函数有可能会用在 .../pcgrads/lib/model.nc 数据文件。请确保其存在。   #
##################################################################
#say 'args==='args'.'
ocolor  = subwrd( args , 1 ) ; * 海洋背景颜色（缺省 =42）
lcolor  = subwrd( args , 2 ) ; * 陆地背景颜色（缺省 =34）
ccolor  = subwrd( args , 3 ) ; * 中国区域背景颜色（缺省 =35）
rcolor  = subwrd( args , 4 ) ; * 中国区域河流颜色（缺省 =2），负值：不画
bcolor  = subwrd( args , 5 ) ; * 中国国界颜色，南海岛，台湾，九段线（缺省 5），负值：不画
pcolor  = subwrd( args , 6 ) ; * 中国各省界颜色 （缺省 15），负值：不画
wcolor = subwrd( args , 7 ) ; * 各国国界海陆界颜色（缺省 15），负值：不画
res     = subwrd( args , 8 ) ; * 分辨率（L/M/H）（缺省 M）

minlon  = subwrd( args , 9 ) ; * lon 起点（缺省 ")  ; # 缺省经纬度范围为 ' 空 '，但一定
要确保在外部已经设置完成。
maxlon = subwrd( args , 10 ) ; * lon 终点（缺省 ")
minlat  = subwrd( args , 11 ) ; * lat 起点（缺省 ")
maxlat = subwrd( args , 12) ; * lat 终点（缺省 ")
………………
```

对 dat/shape 目录下的 shp 文件的一些说明

Grads 目录下包括了高、中、低三种分辨率的海陆地理信息数据，如 grads_hires_land。shp 文件代表高率的陆地闭合区域数据；同样 grads_hires_ocean.shp 代表海洋数据。因此可以只填海洋，则留下陆地部分的图形；只对陆地填色,则留下海洋部分图形。特别说明一点，高分辨率的数据只有北美部分。

China_provice 目录下是关于各省的地理信息。

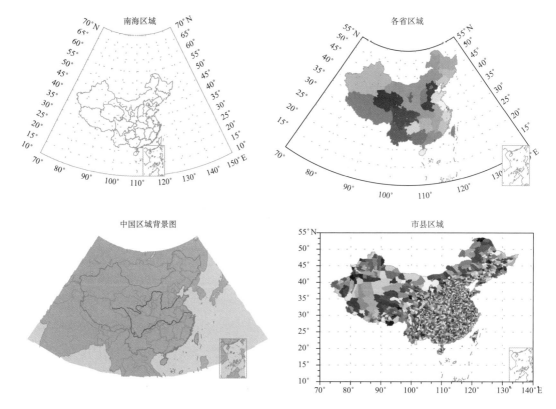

与 shp 文件相关的命令

ga->q dbf Provices_p.shp

显示文件中的元素。共有 924 个，中国有 29 个省，因此有的省一个数值代表一个省，如 0 代表黑龙江；而有的几个数值代表一个省，如辽宁，8 ～ 24，26，29 ～ 51（其中有岛屿）并且序号可能还是不连续的。

省市名列表 .txt（在 dat/shape/china_province 目录下）。

```
q dbf Provices_p.shp 命令输出的省市名列表
RECORD#,NAME
0, 黑龙江省
1, 内蒙古自治区
2, 新疆维吾尔自治区
3, 吉林省
4, 辽宁省
5, 甘肃省
6, 河北省
7, 北京市
8, 辽宁省
9, 辽宁省
10, 辽宁省
```

11, 辽宁省
12, 辽宁省
13, 辽宁省
14, 辽宁省
15, 辽宁省
……………
919, 香港特别行政区
920, 香港特别行政区
921, 香港特别行政区
922, 香港特别行政区
923, 香港特别行政区
924, 香港特别行政区

你可以使用所有区，也可以按"数值"使用指定区域。shp 文件还有类型区别，"多边形"即可以画线也可以填色；"线条"类型的数据只能画线，如一些河流数据。shp 格式的地理信息数据，是一种通用格式数据，目前 Micaps 里使用，其他很多地方都有，特别是互联网上有很多资源可以下载，但当涉及到国家之间的问题时，要判断其合法性。

```
* 画  Provices_p.shp 文件中某个元素 / 某几个元素
 'set shpopts 5'              ;* 各省颜色
 'draw shp  Provices_p.shp 0'   ;* 画 *.shp 文件中 0 号，黑龙江区域。

 'set shpopts 6'              ;* 画辽宁省
 'set line 9'                 ;* 各省界限颜色，岛屿，不含南海国界线（9 段线）
 'draw shp  Provices_p.shp 4'          ;* 画 *.shp 文件中辽宁区域 + 众多岛屿。
 'draw shp  Provices_p.shp 8 24'
 'draw shp  Provices_p.shp 29 51'
 'draw shp  Provices_p.shp 26'
 'draw shp  Provices_p.shp 53 62'
 'draw shp  Provices_p.shp 64 65'
 'draw shp  Provices_p.shp 67'
 'draw shp  Provices_p.shp 69 70'
 'draw shp  Provices_p.shp 72 89'
 'draw shp  Provices_p.shp 91'
 'draw shp  Provices_p.shp 93'
 'draw shp  Provices_p.shp 95 104'
 'draw shp  Provices_p.shp 106 112'
```

● 使用 cnworld 和 cnriver/cnwater 数据画中国区域国界和省界及河流线条，好处就是速度快，但不能填色。

cnworld(中国国界和省界及世间海陆边界) 和 cnriver（长江、黄河）/cnwater（中国的所有水系）数据可以从网站上下载。

cnworld.gs

```
.........
 'set  mpdset  cnworld  cnriver'  ;* 中国地图＋两条河流，可以同时使用两个以上数据。
因此你可以把地理信息分别放在不同的文件之中，或称之为"分级使用"，需要时才
会出现。
* 'set map 8 1 6'
 'draw map'
.........
```

● 画两个不同区域图的叠加

将两个区域不完全一致但在部分区域有重合的数据绘于同一张图上，如套网格模式等。

maps1.gs——透明叠加

```
'open c:/pcgrads/sample/model.le.ctl'
'set lon  60  140'          ;* 设置第一个数据区域
'set lat  0   90'
'set mpvals 0 180 0 90'    ;* 设置极射投影范围——关键
'set  mproj  nps'          ;* 只能用极射投影
'd z'                      ;* 按第一区域画 200hPa 高度场
'lab_latlon'
'set lon  30  90'          ;* 设置第二个数据区域
'set lat  20  70'
'draw map'                 ;* 再画地图背景，目的是为两区域不重合的部分补齐地图底图
'd t'                      ;* 按第二区域画 500hPa 温度场。
'lab_latlon'
```

maps2.gs——非透明叠加

```
'open c:/pcgrads/sample/model.le.ctl'
'set lon  60  140'          ;* 设置第一个数据区域
'set lat  0   90'
'set mpvals 0 180 0 90'    ;* 设置极射投影范围（关键）
'set  mproj  nps'          ;* 只能用极射投影
'd z'                      ;* 按第一数据区域画 200hPa 高度场
'set lon  30  90'          ;* 设置第二个数据区域
'set lat  20  70'
```

（续表）

```
*-------------------------------------------------------------------------------------------
* 在纬度从 20 到 70 度；经度从 30 到 90 度范围划一填色的多边形。
points=' '
i = 30 ； ii = 90
while( i <= ii )
 'q w2xy 'i' 20 '
 x1 = subwrd(result,3 ) ; y1 = subwrd(result,6 ) ;
 points = points%' 'x1' 'y1
 i = i + 1
endwhile
i = 90 ； ii = 30
while( i >= ii )
 'q w2xy 'i' 70 '
 x1 = subwrd(result,3 ) ; y1 = subwrd(result,6 ) ;
 points = points%' 'x1' 'y1
 i = i - 1
endwhile
'set line 0'              ;＊设置颜色为黑色
'draw  polyf 'points      ;＊画填色的多边形覆盖重合部分。
'set ccolor 8'
'set cthick 6'
'set ylint 10'           ;＊为保持第二区域经纬度网格与第一区域的一致，
'set xlint 10'           ;＊设定第二区域经纬度网格的间隔。
'draw map'               ;＊再画地图背景，目的是为两区域不重合的部分补齐地图底图
'set clab  forced'
'd t'                    ;＊按第二区域画 500hPa 温度场。
'set lon 30  90'         ;＊加上该段，补齐不齐的经纬度网格和地图底图如上 map2 图所示。
'set lat 0  90'
'draw map'
'set cmin 99999'
'd z'
```

● 完全嵌套数据的叠加
maps3.gs

```
'open c:/pcgrads/sample/model.le.ctl'
*area A  lta1 lta2 ；lna1, lna2
lta1 = 0 ； lta2 = 90 ；lna1 = 10 ； lna2 = 170
```

（续表）

```
*area B  ltb1 ltb2 ; lnb1, lnb2
ltb1 = 20 ; ltb2 = 70 ; lnb1 = 45 ; lnb2 = 140
pflg = 1    pflg=0/1 透明 / 非透明方式叠加。
'set lon  'lna1' 'lna2 ; 'set lat 'lta1' 'lta2 ; 'set lev  200' ; * 设置第一个数据区域
'set mpvals 0 180 0 90'           ; * 设置极射投影范围——关键
'set  mproj  nps'                 ; * 只能用极射投影
'set  cint 160'
'd z '                            ; * 按第一数据区域画 200hPa 高度场。
'set lon  'lnb1' 'lnb2            ; * 设置第二个数据区域
'set lat  'ltb1' 'ltb2
'set lev 500'
if （pflg）
* 在纬度从 ltb1 到 ltb2 度；经度从 lnb1 到 lnb2 范围画一填色的多边形。
points=' '
i = lnb1 ;
while( i <= lnb2 )
 'q w2xy  'i' 'ltb1
 x1 = subwrd(result,3 ) ; y1 = subwrd(result,6 ) ;
 points = points%' 'x1' 'y1
 i = i + 1
endwhile
i = lnb2 ;
while( i >= lnb1 )
 'q w2xy  'i' 'ltb2
 x1 = subwrd(result,3 ) ; y1 = subwrd(result,6 ) ;
 points = points%' 'x1' 'y1
 i = i - 1
endwhile
*say points
'set line 0'           ; * 设置颜色为黑色
'draw  polyf 'points   ; * 画填色的多边形覆盖重合部分。
Endif
'set ylint 20'         ; * 为保持第二区域经纬度网格与第一区域的一致，
'set xlint 20'         ; * 设定第二区域经纬度网格的间隔。
'set grid on 6 2'      ; * set grid and set map 可以去掉，这里只是为了
'set map 1 1 6'        ; * 突出第二区域的经纬度网格和地图背景。
```

（续表）

```
'draw map'              ;* 再画地图背景，目的是为两区域不重合的部分补齐地图底图
'set cthick 6'
'd t'                   ;* 按第二区域画 500hPa 温度场。
;
```

● 用 maskout 函数画嵌套数据

map4.gs

```
* 两套数据网格不同的叠加
'open ../model.ctl'
'set lon 70 150'  ;
'set lat 10 60'  ;
'set lev 500'
'set mproj nps'
'd z'
* 不同网格的数据每画完一张图都要关闭数据，再打开下一数据。
 'close 1'
 'open ../grib/grib1.ctl'
 'set lon 70 150'  ;
 'set lat 10 60'  ;
 'set lev 500'         ;* 设定的范围也要跟上一张图一样
*'d z'                 ;* 画从范围内的全部数据，
* 如果只画部分区域，要用 maskout 函数只画出北纬 20~40；东经 100~120 度范围的场
 'd maskout(maskout(maskout(maskout(HGTprs,lat-20),40-lat),lon-100),120-lon)'
 'lab_latlon'
  'set clevs 100 120'
 'set ccols 2'  ;
 'set cthick 8'
 'd maskout(maskout(lon,lat-20),40-lat)'
 'set clevs 20 40'
 'set ccols 2'  ; 'set cthick 8'
 'd maskout(maskout(lat,lon-100),120-lon)'
```

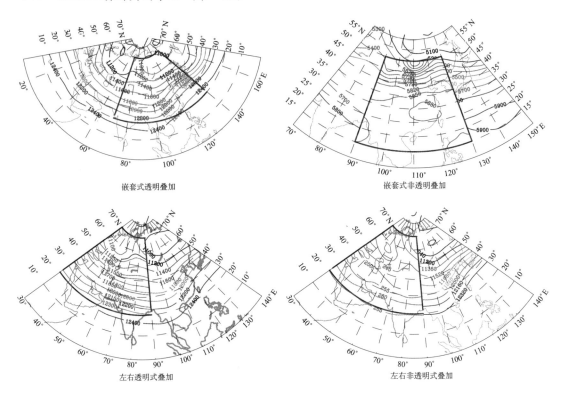

嵌套式透明叠加   嵌套式非透明叠加

左右透明式叠加   左右非透明式叠加

● **ridge.gs—画副高脊线**

....

'd maskout(maskout(u, -hcurl(u,v)),t-250)'   ；*500 hPa 副高脊线（在负涡度区和温度大
于 250 K 的热带地区，u 等于零的线）

*'d maskout(u, -hcurl(u,v)'

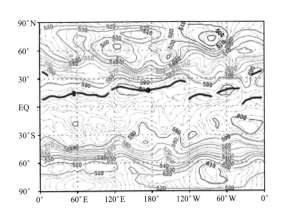

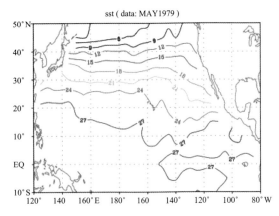

● 画海平面温度

sst.gs

```
'open sst05.ctl'              ;* 从 1949 ~ 2004 年 56 年 5 月份海面温度
'set t ' 31
'set ylint 10'
'd maskout(sst , sst)'
'q time'
tt=subwrd(result,3)
tt=substr(tt,6,7)
'draw title sst(data: 'tt' )'
```

> 用sst作屏蔽网格，数据存放时，数据点温度一定大于零，非数据点存−1。

太平洋海面温度格点示意图（* 点表示有数据点）：

	120	125	130	135	140	145	150	155	160	165	170	175	180	175	170	165	160	155	150	145	140	135	130	125	120	115	110	105	100	95	90	85	80
50									*	*	*	*	*	*	*	*	*	*	*	*	*	*	*										
45							*	*	*	*	*	*	*	*	*	*	*	*	*	*	*	*											
40						*	*																		*								
35					*	*																											
30		*	*	*	*	*																											
25		*	*																				*	*									
20	*	*																						*	*								
15																										*	*	*					
10																												*	*	*	*		
5																													*	*	*	*	*
0													*	*	*	*	*	*	*	*	*	*	*	*					*	*	*		
-5													*	*	*	*	*	*	*	*	*	*	*	*	*	*	*	*	*	*			
-10													*	*	*	*	*	*	*	*	*	*	*	*	*	*	*	*	*	*	*		

● 多边形内画图和求平均—maskout.gs，maskout 函数在多边形区域内画图

```
'open ../12_grib/gfs.ctl'        ;* <路径 /> 文件名 <.扩展名 >
 'set mpdset cnhimap'
 'set lon 112 136'
 'set lat 38 54'

 'set vpage 0 5 1 6'             ;# 经纬度范围。
  'd TMPsfc'
 'set vpage 5 10 1 6'            ;# 经纬度范围。
    'set line 2 1 6'
#  'd maskout(TMPsfc, 东北区域 1.dat, -fill, 2)'
   'd maskout(TMPsfc, 东北区域 1.dat, -line)' ;# 在多边形区域内画等值线。与地图线重叠
   'd aave(maskout(TMPsfc, 东北区域 1.txt),lon=70,lon=140,lat=10,lat=60)'  ;

   say ' 求不规则区域平均 = 'result
```

命令行窗口显示求不规则区域平均信息

```
…………………

Number of points insided in closed region = 581 in total 1617 grid points
Number of points insided in closed region = 581 in total 14241 grid points
求不规则区域平均 = Number of points insided in closed region = 581 in total 14241 grid points
Result value = 292.042    ←显示的平均值
ga->
```

东北区域 1.txt 数据格式（东北区域 1.dat，二进制格式）

```
东北区域  说明
571  第一段线段有 571 个点
121.005480 53.287510          第 1 点
121.111730 53.290539
…………………
119.900000 40.000000          第 571 点
3                            第二段线段 有 3 个点
119.900000 40.000000          第 1 点。注意与"第 571 点"相同
119.900000 44.923161
114.000000 44.923161
152                          第三段线段 有 152 个点
114.000000 44.923161          第 1 点。注意与上一段最后一点相同
114.441000 45.192402
…………………
```

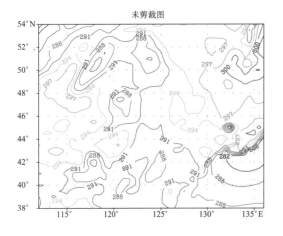

未剪裁图

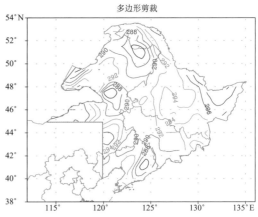

多边形剪裁

● 多边形内剪裁

多边形 _clip.gs

```
'open ../12_grib/gfs.ctl'    ; * <路径 /> 文件名 <. 扩展名 >
 'set lon 60 140'
 'set lat 10 60'
 'set vpage 0 5 1 6'  ; # 经纬度范围，vpage 要在设置 cairo_clip 之前设置。
'set line 2 1 6'
'set cairo_clip 东北区域 1.txt -line'   ; # 用文件设置不规则剪裁区域。
#  'set cairo_clip 东北区域 1.dat -fill 2' ; # 点用用户坐标（经纬度），可以不闭合。
  'd TMPsfc'
  'set cairo_clip off'
  'set vpage 5 10 1 6'   ; # 经纬度范围，vpage 要在设置 cairo_clip 之前设置。
  'set cairo_clip 5  1 1  1.3 7  3 5  6 7.5  5 2' ; # 按英寸定义剪裁区域。
  'set line 5 1 2'
  'd TMPsfc'
  'set cairo_clip off'
  'draw line  1 1  1.3 7  3 5  6 7.5  5 2 1 1'
```

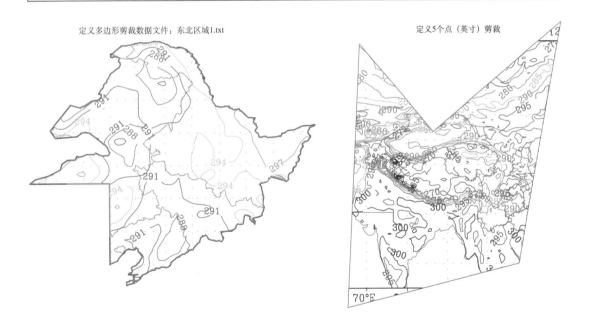

定义多边形剪裁数据文件：东北区域1.txt　　　　　　　定义5个点（英寸）剪裁

● 在 nps/sps 极射投影、Lambert 投影、latlon、scale 投影图上标经纬度值

方法 1：latlon_nps.gs（最简单最保守的方法，只适用于 nps/sps 极射投影、Lambert 投影）

```
# 方法 1
  'open ../model.ctl'
  'set lon 0 140' ;
  'set lat 5  70' ;
  'set mproj lambert'
  'set xlab off'
  'set ylab off'

  'd z'
  'set ccolor 1' ;       ; # 等值线颜色
  'set cstyle 5'         ; # 等值线线型
  'set cint 40'          ; # 等值线间隔
  'd lon'                ; # 画经度等值线
  'set ccolor 1'
  'set cstyle 5'
  'set cint 20'          ; # 等值线间隔
  'd lat'                ; # 画纬度等值线
  'close 1'
# 方法 2
  'set vpage 5.5 11 0 5'
  'open ../model.ctl'
  'set lat 0 90' ;
  'set lon -180 180'
  'set lev 500'
  'set mproj nps'
  'set xlab off'
  'set ylab off'

 'd z'
 'lab_latlon'           ; # 借助 lab_nps.gs/lab_latlon.gs 工具
 'close 1'
```

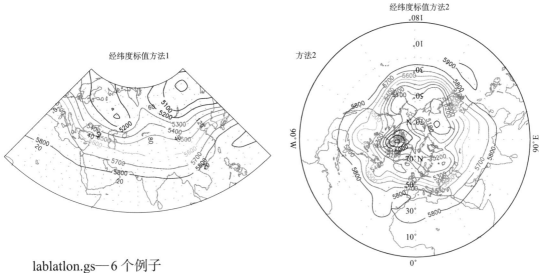

lablatlon.gs—6 个例子

```
'open ../model.ctl'
'set xlab off'  ；'set ylab off'
#左上
  'set vpage 0 3.5 4.25 8.5'
  'set lon -180 180'
  'set lat -10  90'
  'set mproj nps'
  'd z'
* 'lab_latlon 2 2 10 20'
  'lab_latlon'              ；# 例 1：北半球极射投影
#中上
  'set vpage  3.5 7 4.25 8.5'
  'set lon  -180 180'
  'set lat  -90 0'
  'set mproj sps'
  'set xlab off'  ；'set ylab off'
  'd z'
  'lab_latlon 1.5'          ；# 例 2：南半球极射投影
#右上
  'set vpage  7 10.5 4.25 8.5'
  'set lon -180 55'
  'set lat  -83 0'
  'set mproj lambert'
  'set xlab off'  ；'set ylab off'
```

（续表）

```
    'd z'
    'lab_latlon * * * * -120 -80'              ；# 例 3：lambert 投影
# 左下
    'set vpage 0 3.5 0 4.25'
    'set lon -180 12'
    'set lat 0  83'
    'set mproj lambert'
    'set xlab off'  ；  'set ylab off'
    'd z'
    'lab_latlon * * * * * * -ln -140,-100,-80 -lt 0,20,40'        ；# 例 4：指定经纬度值
# 中下
    'set vpage  3.5 7 0 4.25'
    'set lon  -180 140'
    'set lat  -80 0'
    'set mproj sps'
    'set xlab off'  ；  'set ylab off'
    'd z'
    'lab_latlon'
    'lab_latlon -ln -90,-30,30 -lt 0,-10,-20,-30,-40,-50,-60,-65,-70,-80'  ；# 例 5：两 次 调 用
lab_latlon

# 右下
    'set vpage  7 10.5 0 4.2'
    'set lon -180 80'
    'set lat  -90 90'
    'set mproj latlon'
    'set xlab off'  ；  'set ylab off'
    'd z'
* 'lab_latlon 2 2 10 20'
    'lab_latlon'      ；# 例 6 只能标左侧的坐标值
```

lab_latlon.gs(在 lib 目录中)

```
function lab_latlon( args )
skipx = subwrd( args , 1 )      第 1 个参数：间隔几条经线标值（缺省值为 2）
skipy = subwrd( args , 2 )      第 2 个参数：间隔几条纬线标值（缺省值为 2）
dlat  = subwrd( args , 3 )      第 3 个参数：纬线间隔（系统可以自动定义）
```

（续表）

dlon = subwrd(args , 4)	第 4 个参数：经线间隔（系统可以自动定义）
lon_min = subwrd(args , 5)	第 5 个参数：起始经度（系统可以自动定义）
lat_min = subwrd(args , 6)	第 6 个参数：起始纬度（系统可以自动定义）

…………………

第一和第二个参数可以是正整数或分数

如果你的数据是从 19.2N 到 43.4N 这种不太规则的范围，你才会用到 3，4，5，6 参数。

########################　参数说明　#############################

#* 如果参数用 * 给定，表示采用缺省值

skipx　= subwrd(args , 1)；*X- 轴间隔多少标一个值，（缺省：2）

skipy　= subwrd(args , 2)；*Y- 轴间隔多少标一个值，（缺省：2）

dlat　= subwrd(args , 3)；*lat- 轴间隔值，（缺省：系统给出），负值表示从起点值开始标

dlon　= subwrd(args , 4)；*lon- 轴间隔值，（缺省：系统给出），正值表示从 0 开始标，0 表示只按 lon_lis 和 lat_list 给定值标

lon_min = subwrd(args , 5)；*lon- 轴起点值，（缺省：系统给出 = 数据最小值）

lat_min = subwrd(args , 6)；*lat- 轴起点值，（缺省：系统给出 = 数据最小值）

lat_r　= subwrd(args , 7)　；* 标右侧纬度　（缺省：1 左右都标；0: 只标左侧纬度）

box_col = subwrd(args , 8)；* 边框颜色　　（缺省：15 灰色）

_strsize = subwrd(args , 9)；* 字符大小　　（缺省：系统给出 / 可以在调用 lab-x-y-asix 之前用 set strsiz 设置）

lon_list = subwrd(args , 10)；* 按经度列表标值　（缺省："代表"空"）

lat_list = subwrd(args , 11)；* 按纬度列表标值　（缺省："；如果给值, 之间用 ',' 分隔。如：10,20,30,40）

##

…………………

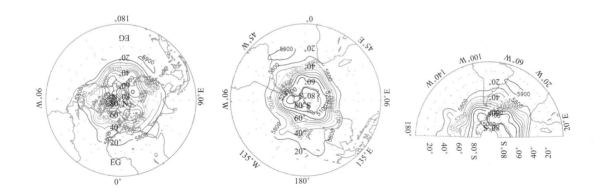

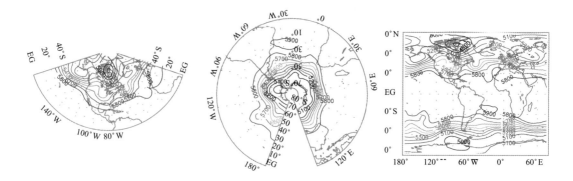

● NPS/SPS/Lambert 投影采用 mpvals 设置后画出的矩形 图上标注经纬度

labnps.gs

```
'sdfopen ../model.nc'
   'set vpage 0.5 5.5 0 4.5'
   'set  lon   0   230'
   'set  lat -20  90'
   'set  mpvals 80 140  0 60'  ;# = 实际绘图区域，比 set lon/lat 设置范围要小。
   'set  mproj nps'
   'd z '
   'lab_nps 1 1 10 10'  ;# 标经纬度工具，在 lib/lab_nps.gs
   'set vpage 5.5 10.5 0 4.5'
   'set lon   0   280'
   'set lat -90   20'
   'set   mpvals 80 140 -60 0'  ;# = 实际绘图区域，比 set lon/lat 设置范围要小。
   'set  mproj lambert'
   'd z '
```

lab_nps.gs(在 lib 目录中)

```
function lab_nps( args )
################################################################
# 适合 nps/sps/lambert 投影，设置了 mpvals 后画出的矩形图加经度和纬度标志。 只作
标值不画经纬度线。                                             #
# Usage：lab_nps <skipx> <skipy> <dlat> <dlon> <lon_min> <lat_min> <lat_r> <-ln lon_
list> <-lt lat_list> <strsize>                                 #
# -ln/lt 用输入列表的方式标经纬度值。 如 -ln 70,80,100 and/or -lt -15,-20,-30    #
# 如果参数用 "*" 给定，表示采用缺省值
################################################################
# skipx   = subwrd( args , 1 )  ;*X- 轴间隔多少标一个值，（缺省：1）
```

（续表）

```
# skipy    = subwrd( args , 2 ) ; *Y- 轴间隔多少标一个值，（缺省：2）
# dlat     = subwrd( args , 3 ) ; *lat- 轴间隔值，  （缺省：系统给出），负值表示从起点
值开始标，正值表示从 0 开始标，
# dlon     = subwrd( args , 4 ) ; *lon- 轴间隔值，（缺省：系统给出）,0 表示只按 lon_lis
和 / 或 lat_list 标给定值
# lon_min = subwrd( args , 5 ) ; *lon- 轴起点值，（缺省：系统给出 = 数据最小值）
# lat_min = subwrd( args , 6 ) ; *lat- 轴起点值，（缺省：系统给出 = 数据最小值）
# lat_r    = subwrd( args , 7 ) ; * 标右侧纬     （缺省：1 左右都标；0: 只标左侧纬度）
# strsize = subwrd( args , 8 ) ; * 字符大小      （缺省：系统给出 / 可以在调用 lab-nps
之前用 set strsiz 设置）
# lon_list = subwrd( args , 9 ) ; * 按经度列表标值    （缺省：" 代表"空"）
# lat_list = subwrd( args ,10 ) ; * 按纬度列表标值    （缺省：" 如果给值,之间用 ',' 分隔。
如：10,20,30,40）
######################################################################
……………………
```

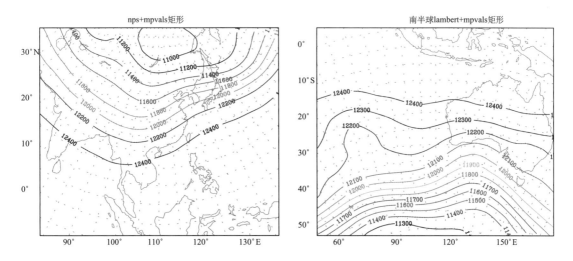

● 矩形非经纬度图上标坐标—lab_x_y_asix.gs 用法演示

Labxyaxis3.gs

```
if( 10 ) ; * 经度 - 高度剖面
  'set vpage 0.0 5.3 0.5 4.35'
  'set lon -27 33'    ; * 不规则起点和终点。
  'set z 1 7'
  'set zlog on'
  'set xlopts 1 1 0.1' ;  'set ylopts 1 1 0.1'
```

```
    'set xlab %1c' ; 'set ylab %1c'                      ;# 设置不标坐标数值 , 但画网格线
    'd t'
    'lab_x_y_asix * * * * * * * * * * * hPa'              ;# 标坐标值
    'draw title 'f24 经度 - 高度剖面（对数坐标）'

if( 10 ) ; * 经度 - 纬度图
    'set vpage 5.55  10.3 4.25 8.5'
    'set lon -180 180' ; 'set lat -90 90'
# 在设置完经纬度参数后调用。
    'set_parea 95%' ;# 设置 set parea x 方向缩小 5% y 方向不变 记住使用后要关闭设置。
    'set xlab %1c' ; 'set ylab %1c'          ;# 设置不标坐标数值 , 但画网格线
    'd t'
    'lab_x_y_asix'                           ;# 标坐标值
# 'lab_x_y_asix * * 50 * * * '3.'1E * 3 * * * *'
# 'lab_x_y_asix * * -50 * * * W'
    'set parea off'  ;# 在设置了 set parea 后记住要关闭设置。
# 或再次调用 set_parea.gs 关闭设置
endif
if( 10 ) ; * 纬度 - 时间 ( 此方法并不能真正解决时间坐标轴标注问题 )
    'set vpage 5.2 10.3 0.5 4.35'
    'set t 1 5'
    'set xlpos -20'                          ;# 设置不标坐标数值

    'set ylopts 1 1  0.25'
    'set ylpos 0 l'                          ;# 只标左侧坐标
    'set font 24'
    'set ylabs  2|3|4|5|6|1987.01.07 日 '    ;# 标时间轴坐标
    'd t'
    'lab_x_y_asix'                           ;# 当有时间轴时 , 不标时间轴坐标
if( 10 ) ; * 经度 - 时间 ( 此方法并不能真正解决时间坐标轴标注问题 )
    'set vpage 0.0 5.25  4.65 7.8'
    'set lon  100  180'                      ;* 不规则起点和终点。
    'set t 1 5'

    'set ylpos -20'                          ;# 设置不 y 标坐标数值

    'set xyrev on'
```

（续表）

```
'set xlopts 1 1  0.25'
'set xlpos 0 b'                        ; # 只标底部坐标
'set font 24'
'set xlabs   2|3|4|5|6|1987.01.07 日 '   ; # 标时间轴坐标

'd t'
```

lab_x_y_asix.gs(在 lib 目录中)——非投影图形

```
# 为矩形坐标标坐标值。 支持 xyrev on 设置；zlog on 设置，yrev 设置
function lab_x_y_asix( args )
###   注意 调用 lab-x-y-asix 之前请设置 xlab/ylab 为 off"
# 用法：'lab-x-y-asix <skipy> <skipx> <dx> <dy> <x1_min> <y2_min> <strx> <stry>
<gridon> <labxmin> <labxmax> <labymin> <labymax> <strsize>
# 一般调用时所有参数都可以不给,由系统自己定；或给 * 号(表示该值由系统自己定)
skipy  = subwrd( args , 1 )      ;*Y- 轴间隔多少标一个值，（缺省：2）
skipx  = subwrd( args , 2 )      ;*X- 轴间隔多少标一个值，（缺省：2）
dx     = subwrd( args , 3 )      ;*X- 轴间隔值，         （缺省：系统给出）
dy     = subwrd( args , 4 )      ;*Y- 轴间隔值，         （缺省：系统给出）
x1_min = subwrd( args , 5 )      ;*X- 轴间起点值，       （缺省：系统给出 = 数据最小值）
y2_min = subwrd( args , 6 )      ;*Y- 轴间起点值，       （缺省：系统给出 = 数据最小值）
strx   = subwrd( args , 7 )      ;*X- 轴标值后跟的字符，  （缺省：1: 由系统定）
stry   = subwrd( args , 8 )      ;*Y- 轴标值后跟的字符，  （缺省：1: 由系统定）
gridon = subwrd( args , 9 )      ; * 是否画坐标网格线。   （缺省：0: 不画；1: 只画 X
轴；2: 只画 Y 轴；3: XY 轴都画。
*x/y 轴如果是经 / 纬度，则加上度标志；=off：只标数值，不标度符号；=' 字串 ' 则标
注数值后加字串
* 如：stry=''3.'1N' str*=''3.'1'
labxmin = subwrd( args , 10 ) ;*X- 轴最小值标值后跟的字符，（缺省：0；由系统定）
labxmax = subwrd( args , 11 ) ;*X- 轴最大值标值后跟的字符，（缺省：0；由系统定）
labymin = subwrd( args , 12 ) ;*Y- 轴最小值标值后跟的字符，（缺省：0；由系统定）
labymax = subwrd( args , 13 ) ;*Y- 轴最大值标值后跟的字符，（缺省：0；由系统定）
strsize = subwrd( args , 14 ) ;* 字符大小   （缺省：系统给出 / 建议：可以在调用 lab-x-
y-asix 之前用 set strsiz 设置）
```

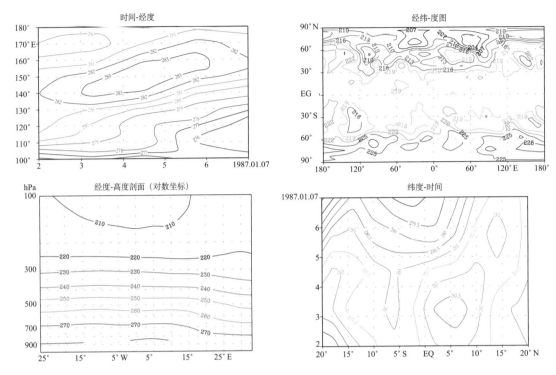

● 时间坐标轴标值

lab_time3.gs

```
rc=gsfallow("on") ; #* 采用动态函数调用 lab_time 函数。
'open model.ctl'
case = 111
#'set xlab off' ; 'set ylab off'
if( case = 1 | case > 8 ) ; # 纬度 - 时间
  if( case > 8 ) ; 'set vpage 0 2.75 0 2.75' ; 'set_parea +1. -1. +0.2 -0.2' ; endif
  'set lev 500'
  'set lon 90'
  'set lat 0 80'
  'set t 0.5 5.5'
  xyrev = 10
  if( xyrev ) ; 'set xyrev on' ; 'set xlab off' ; endif
'd  z'
times='02JAN1987 03JAN1987 04JAN1987 05JAN1987 06JAN1987'
labs='02 03 04 05 06JAN1987'
  if( xyrev )
    lab_time( times, labs, tc , 1)
    lab_time( times, labs, bc , 1)
```

```
    else
      lab_time( times, labs, r )
      lab_time( times, labs, l )
    endif
  endif
if( case = 5 ｜case > 8 ) ; # 纬度 - 时间
  if( case > 8 ) ; 'set vpage 0 2.75 2. 4.75' ; endif
  'set lev 500'
  'set lon 90'
  'set lat 80'    ; # 一维例子
  'set t 0.5 5.5'
  xyrev = 0
  if( xyrev ) ; 'set xyrev on' ; endif
  'd z'
  times='02JAN1987 03JAN1987 04JAN1987 05JAN1987 06JAN1987'
  labs='02 03 04 05 06JAN1987'
  if( xyrev )
    lab_time( times, labs, r , 1)
    lab_time( times, labs, l , 1)
  else
    lab_time( times, labs, tc )
    lab_time( times, labs, bc )
  endif
endif

if( case = 2 | case > 8  ) ; # 经度 - 时间
# if( case > 8 ) ; 'set vpage 2.75 5.5 0 2.75' ; 'set_parea +0.5 -0.5 +0.1 -0.1' ; endif
  if( case > 8 ) ; 'set vpage 2.75 5.5 0 2.75' ; endif
  'set lon 0 90'
  'set lat 30'
  'set lev 500'
  'set t 0.5 5.5'
  xyrev = 1
  if( xyrev ) ; 'set xyrev on' ; 'set xlab off' ; endif
  'd z'
  times='02JAN1987 03JAN1987 04JAN1987 05JAN1987 06JAN1987'
  labs='02 03 04 05 06JAN1987'
```

```
   if( xyrev )
    lab_time( times, labs, tc , 1)
    lab_time( times, labs, bc , 1)
   else
    lab_time( times, labs, r )
    lab_time( times, labs, l )
   endif
 endif
if( case = 6 ｜case > 8 )；# 经度 - 时间
  if( case > 8 )；'set vpage 2.75 5.5 2. 4.75'  ；endif
  'set lon 90'  ；# 一维例子
  'set lat 30'
  'set lev 500'
  'set t 0.5 5.5'
  xyrev = 10
  if( xyrev )；'set xyrev on'  ；'set xlab on'；'set ylab off'；endif
  'd  z'
  times='02JAN1987 03JAN1987 04JAN1987 05JAN1987 06JAN1987'
  labs='02 03 04 05 06JAN1987'
  if( xyrev )
    lab_time( times, labs, r , 1)
    lab_time( times, labs, l , 1)
  else
    lab_time( times, labs, tc )
    lab_time( times, labs, bc )
  endif
 endif

if( case = 3｜case > 8 )；# 层 - 时间
  if( case > 8 )；'set vpage 5.5 8.25 0 2.75'  ；endif
  'set lon 150'
  'set lat 10'
  'set lev 1000 100'
  'set t 0.5 5.5'
  xyrev = 0
  'set xlab off'；'set ylab on'
  if( xyrev )；'set xyrev on'   ；endif
```

```
  'd  t'
 if( 10 )
 ####################################################################
 # 建议先不调用 lab_time，即用 GrADS 原始画法确定要修改的时间坐标，      #
 # 是在 X 轴（tc：在底部标；bc: 在顶部）或 Y 轴（r：在左侧；l：在右侧），      #
 # 建立 times 列表及对应 labs 列表                                    #
 # 记住适当调整 set xlab on/off 和 set ylab on/off 开关，如何再次运行脚本。      #
 ####################################################################
  times='02JAN1987 03JAN1987 04JAN1987 05JAN1987 06JAN1987'
  labs='02 03 04 05 06JAN1987'
  if( xyrev )
   lab_time( times, labs, r , 1)
   lab_time( times, labs, l , 1)
  else
   lab_time( times, labs, tc )
   lab_time( times, labs, bc )
  endif
 endif
 endif
if( case = 7 | case > 8 )；# 层 - 时间
 if( case > 8 )；'set vpage 5.5 8.25 2. 4.75'；endif
 'set lon 150'
 'set lat 10'
 'set lev 500'  ；# 一维例子
 'set t 0.5 5.5'
 xyrev = 10
 if( xyrev )；'set xyrev on'；'set xlab on'；'set ylab off'；endif
 'd  t'
 times='02JAN1987 03JAN1987 04JAN1987 05JAN1987 06JAN1987'
 labs='02 03 04 05 06JAN1987'
 if( xyrev )
  lab_time( times, labs, r , 1)
  lab_time( times, labs, l , 1)
 else
  lab_time( times, labs, tc )
  lab_time( times, labs, bc )
 endif
```

```
  endif

 if( case = 4 | case > 8 )；# 集合 - 时间
  'close 1'
  'sdfopen 集合预报 /gfsens.2013121100.nc'
  if( case > 8 )；'set vpage 8.25 11 0 2.75'；endif
  'set lon 150'
  'set lat 10'
  'set lev 500'
  'set t 0.5 33.5'
  'set e 1 22'
  'q dim'；#say result
  xyrev = 10
  if( xyrev )；'set xyrev on'；endif
  'd  z'
   times='11DEC2013  12DEC2013   13DEC2013   14DEC2013   15DEC2013   16DEC2013
 17DEC2013 18DEC2013 19DEC2013 '
   labs ='11 12  13  14  15 16 17 18 19DEC2013 '
   if( xyrev )
    lab_time( times, labs, r , 1)
    lab_time( times, labs, l , 1)
   else
    lab_time( times, labs, tc )
    lab_time( times, labs, bc )
   endif
  endif
  if( case = 8  | case > 8 )；# 集合 - 时间
   'close 1'
   'sdfopen 集合预报 /gfsens.2013121100.nc'
   if( case > 8 )；'set vpage 8.25 11 2. 4.75'；endif
   'set lon 150'
   'set lat 10'
   'set lev 500'
   'set t 0.5 33.5'
   'set e 22'
   'q dim'；#say result
   xyrev = 0
```

（续表）

```
'set xlab off' ; 'set ylab on' ;
if( xyrev ) ; 'set xyrev on' ; endif
'd  z'
 times='11DEC2013 12DEC2013  13DEC2013  14DEC2013  15DEC2013 16DEC2013
17DEC2013 18DEC2013 19DEC2013 '
 labs ='11 12  13  14  15 16 17 18 19DEC2013 '
 if( xyrev )
  lab_time( times, labs, r , 1)
  lab_time( times, labs, l , 1)
 else
  lab_time( times, labs, tc )
  lab_time( times, labs, bc )
 endif
endif
;
```

lab_time.gsf(在 lib 目录中)——为时间轴标坐标值

```
# 为时间轴标坐标值（适合二维 / 一维）
function lab_time( times, labs ,jt, xyrev)
##################################################################################
# times：原时间标注值列表                                                     #
# labs ：与原值对应要修改的标注列表                                           #
# jt   ：标注位置（对齐方式），r：在左侧标坐标值；l: 右侧；tc：在底部；bc：在顶部 #
# xyrev：是否采用 set xyrev on 设置                                           #
##################################################################################
…………
```

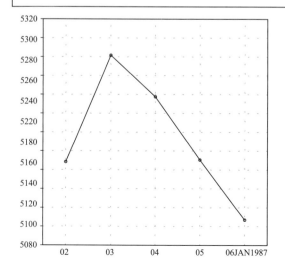

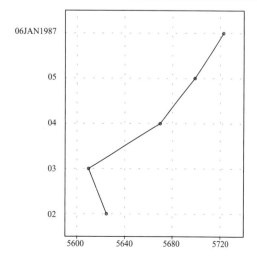

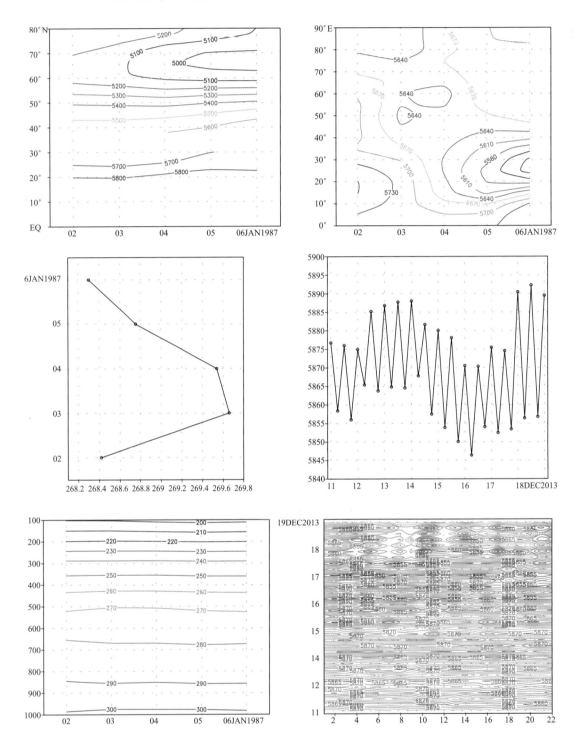

● 青藏高原填色

Qingzang1.gs

```
'open grib/grib1.ctl'
'set lon 70 140'  ；
'set lat 10 60'  ；
'set lev 500'  ；
'set mproj nps'
'set grid on 5 1'
'd z'
* 给青藏高原填色，覆盖掉高原上的等值线（在高原外画等值线）
'set gxout shaded'
'set clevs 0  500'
'set ccols 2 3'     ；* 所选的颜色值
'd maskout(850-ps/100,850-ps/100)'    ；* 这里指地面气压低于 850hPa 的地方为青藏高原。
*'d maskout(maskout(850-ps/100,850-ps/100), (45-lat))'  同上，但 45°N 以北的高原不填色
```

Qingzang2.gs

```
'open grib/grib1.ctl'
'set imprun default.gs'
'set lon 60 110'  ；
'set lat 15 50'  ；
'set lev 500'
'set mproj nps'
'set gxout shaded'              ；* 高原部分填色
'set clevs 850 0'              ；* 地面气压在 850hPa 以上部分认为是高原。
'set ccols 3 0 0'
'd ps/100'
'set gxout contour'            ；* 画等值线
'set cint 1'  ； 'set ccolor 8'
*'d z'                高原内外都画等值线
*'d maskout(z,850-ps/100)'    ；* 只画高原上画等值线
'd maskout(z, ps/100-850)'    只画高原以外画等值线
'lab_latlon 2 2 5'
```

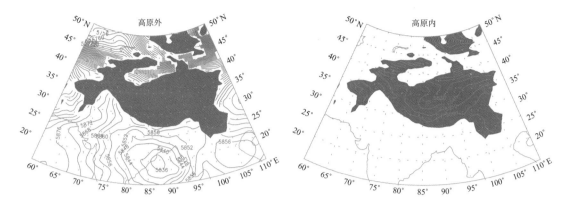

● 画折线图——xyplot.gs

使用方法

grads –cl "xyplot xyplot.dat xlen ylen   xstart ystart"

参数说明：——有缺省值的参数可以省略。

xlen ，ylen 代表图形的尺寸，缺省值：xlen=9，ylen=6；xstart ，ystart 图形左下角起点坐标，缺省值：xstart=1，ystart=1.5。

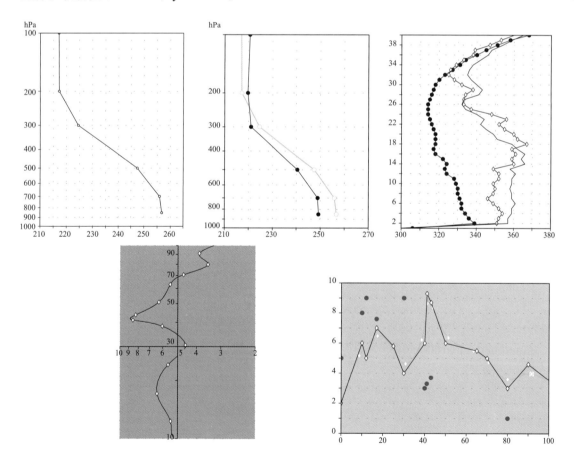

xyplot.dat 数据文件名，格式如下

```
Sample Plot        数据名称
X Axis Label       x 坐标标记
Y Axis Label       y 坐标标记
0.0 100.0 0.0 10.0 数据范围：x 极小，x 极大；y 极小，y 极大
0.0 25.0 0.0 2.0   x 坐标起点，x 坐标增量；y 坐标起点，y 坐标增量
10 11 2 3 2 1      总点数 [ 标记类型（缺省 :2),颜色（1),线形（1),粗细（2),平滑（0）]
0.0 5.0            标记类型给负数时，表示不作标记。当采用曲线平滑时（平滑 =1),
100.0 0.5
15   7             定义第二条线的数据，依此类型定义多条线的数据。数据中可以有超出
0.0 2.0            x 极小，x 极大，y 极小，y 极大的部分，画图时，系统据此自动作剪切。
…………
110. 0 4.5         此点超出范围，但不影响画图。
```

● 画圆饼图——圆饼图.gs

圆饼图 .gs 文件名，格式如下

```
file=' 圆饼图 .txt'

if( 10 )
  'set vpage 0 5 4.25 8.5'
  'set strsiz 0.2'
  fcircle(file)
endif

if( 10 )
  'set vpage 5 10 4.25 8.5'
  'set strsiz 0.2'
  felbow(file)
endif

file2=' 圆饼图 2.txt'
###############################################################################
if( 10 )
  'set vpage 0 5 0 4.25'
  'set strsiz 0.2'
  fcircle(file2)
```

（续表）

```
endif

file2=' 圆饼图 2.txt'
#####################################################################

if( 10 )
  'set vpage 5 10 0 4.25'
  'set strsiz 0.2'
  felbow(file2)
endif
```

圆饼图 .txt 数据文件格式

```
数据说明行 ......
#x0 y0 rd rd2 xscale yscale deflection_angle
 x0 y0 rd rd2 xscale yscale 00
 cols=2
#clab=0/1 cbox=0/1 <style> <thick> legend=0/bc/br/bt/tc/tr/tl/lt/lb/lc/rt/rc/rb <xmid>
<ymid> <wd> <xlen>
 clab=1   cbox=13 <style> 6 legend=lc
 45 30% 45% 25%

# (x0,y0)= 圆心 [ 英寸，缺省：纸中间 ] rd= 半径 [ 英寸 ]，缺省：根据纸张大小定
# rd2= 第二个半径（缺省：0.5*rd 只有画圆环时要调整此值）
# xscale/yscale=x/y 方向缩放比例 ( 缺省：1:1；画椭圆时要给出此值 )
# 偏转角 [ 度 ]，缺省 =0，只有画偏转椭圆用

# cols= 颜色列表，指定画每一个百分数的颜色。如果颜色列表的个数小于百分数的个
数，系统自动调整。
# 如果 cols 是空的，从红色开始画

# 第 3 行 : option
# clab 是否标"百分数"值。
# cbox 0/1 <style> <thick> 是否为每个"百分数"画扇形框，同时也是框的颜色、线型、
粗细
# legend=0/bc/br/bt/tc/tr/tl/lt/lb/lc/rt/rc/rb 是否标图例 第 1 个字 b：底部；t：顶；l：左；r：右
# 如果字串以 '-' 开始，表示只画图例颜色不标数值

# 第 4 行 = 要画的数据 : < 起始角度 [ 度 ]>( 如果不给而只有百分数列表：起始角度
=0) 百分数列表
```

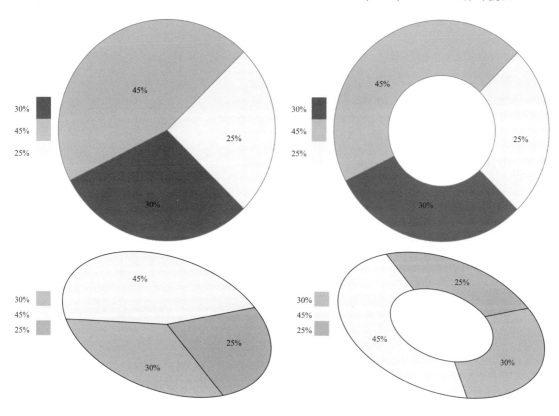

柱状图 .gs

```
reinit
whitebackground
'set font 13 file STFANGSO.TTF'
'set font 1'
bar_init()


file=' 柱状图 .dat'

if( 10 )
   'set vpage 0 5 4.25 8.5'
#  'set strsiz 0.15'
   bar(file)
endif
#########################################################################
function bar_init()
  define_colors
```

（续表）

```
  _cbx = 1    ; # 坐标框颜色
  _tbx = 3    ; # 坐标框粗细
  _bbx = 0    ; # 坐标框底色 0：不填色


  _wb  = 0.25 ; # 柱宽度。 也是各组中间最小间隔
  _nylab = 4  ; # y 轴标 4 个坐标值
  _dx = 0.75  ; # 起点（英寸）
  _dy = 0.75

# define tile
  _width = 9
  _heigh = 9
  _lwidh = 1
  _type  = 3
;
```

　　柱状图 .dat 数据文件格式：

```
###########################################################################
# 以 # 开始的部分是说明 从最后一个注解行之后算起（除去注解行）          #
# 第 1 ~ 3 行：图的文字说明，如果没有可以给空行。                      #
# 第 4 行：x0 y0 xlen ylen 图框左下角坐标 和尺寸（英寸），缺省由系统决定图框大小。 #
# 第 5 行：ymin=0 ymax=300 最大数据范围。要包括住所有数据。 如果不给，由系
统判断                                                              #
# base=top：从上向下画，不给 /=* 从下向上画；如果 = 某值 从该值开始向上或向下
画柱状图                                                            #
# ylint：y 坐标间隔。不给，系统按 _nylab 定义的个数标值。              #
# ylint>0 按用户指定间隔标。 ylint<0：从 base 值开始标                 #
# 第 6 行：数据：第 1 个是 点的个数，column= 数据排列方式（R: 按行 /C: 按列）  #
# cline= 线颜色（1），ltype= 线类型（1）lthick= 线粗细 (1)             #
# fcol= 填色值（0，不填色，只画柱框）fcol<0 表示用"形状"填色。| 数值 | 的第一
位 = 形状类型                                                        #
# 可取 2~8（3），之后几位数字 = 颜色。                                #
# cline、ltype、lthick、fcol 都可以是用 "," 分隔的一组数值，表示对每一个数据的
设置                                                                #
# undef= 坏点数值。 第 7 行向下是输入的多组数据                        #
```

（续表）

```
# 第 1 行 / 列　x 坐标                                                    #
# 第 2 行 / 列　第 1 组数据                                                #
# 第 3 行 / 列　第 2 组数据                                                #
# 第 3 行 / 列　第 3 组数据                                                #
# .............                                                          #
#######################################################################
Sample xyplot1.dat( 垂直气压坐标 )
X Axis X 轴文字说明
Y Axis Y 轴文字说明
x0 y0 xlen ylen　# 图框左下角坐标 和尺寸（英寸），缺省由系统决定图框大小。

# 以下是 3 组数据

# ymin=  ymax=  base=  ylint=
# 7  column=R cline=7,8 ltype=1, lthick=7  fcol=0,0 undef=-9.99e+08
# 1000     850   700  500 300 200  100       # x 坐标
# -9.99e+08 -256.7 -255.3 -247.4 -224 -217 -217  # 第 1 组数据
# -244     -249  -228  -230  -241 -239 -280  # 第 2 组数据

# ymin=200 ymax=300 base=250 ylint= -25
# 7  column=R cline=7,8 ltype=1, lthick=7  fcol=-44,-527 undef=-9.99e+08
# 1000     850   700  500 300 200  100  # x 坐标
# -9.99e+08 256.7 255.3 247.4 224 217 217   # 第 1 组数据
# 244     249   228 230  241 239  280  # 第 2 组数据

#
 ymin=150 ymax=350 base=  ylint= -25
 7  column=c cline=7,8 ltype=1, lthick=7  fcol=4,3 undef=-999
 1000 -999   300
  850 249.2  269
  700 248.8  228
  500 240.4  250
  300 221.0  231
  200 219.7  279
  100 220.5  200
```

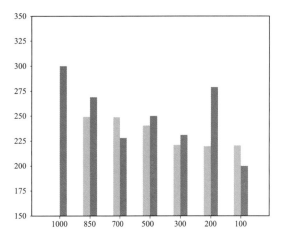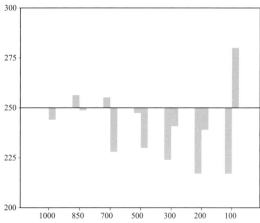

Taylor_test.gs 泰勒图

```
reinit
whitebackground
#   'set vpage 0 5 4.25 8.5'
    'set font 13 file STFANGSO.TTF'
    'set font 1'
    define_colors
    rc=gsfallow("on")    ;*动态函数调用
    taylor()             ;*设置缺省值

########
  rec = test_dat()
#   say 'rec='rec
   rms_ref = subwrd(rec,1)
   rms_26 = subwrd(rec,2)
   rms_22 = subwrd(rec,3)
   cor_26 = subwrd(rec,4)
   cor_22 = subwrd(rec,5)
#   say 'rms_ref='rms_ref' rms26='rms_26' rms22='rms_22' cor26='cor_26' cor22='cor_22
if( '不调整参数' & 1 )
  say '不调整参数  标准化 Taylor 图 '
  rms_26 = rms_26/rms_ref
  rms_22 = rms_22/rms_ref
  rms_ref = 1
endif
if( '####   参数调整  ####' & 0 )
```

```
say '####    参数调整    ####'
 _xref = rms_ref
 xx = _xref*20
 xx = math_nint(xx)/10.0
 if( xx > 4 )
  xx = 4
 else
  xx = math_format('%.1f',xx)
 endif
 _xmax = xx

 xx = _xmax/6.
 xx = math_format("%.2f",xx)
 if( xx > 1 ) ; xx = math_int(xx)  ; endif
 _xlint = xx
 nn = math_int(_xmax/_xlint)
 _xmax = _xlint*nn
 say '_xmax='_xmax' xlint='_xlint
endif
################################################################################
# lat=26N
  erms26 = Taylorgram( rms_26, cor_26, mark, cmark,'*','26'3.'1N')
  say 'The centered pattern RMS for lat:26N = 'erms26

# lat=22N
  erms22 = Taylorgram( rms_22, -cor_22, mark, 2,'*','22'3.'1N')
  say 'The centered pattern RMS for lat:22N = 'erms22


## 例 2 #######################################################################
 'set vpage  3.6 7.2  4.25 8.5'
 taylor()                ;# 重新初始化设置缺省值
  _skill = 1
 Taylorskill()           ;# 无参数，只画背景图。

## 例 3 #######################################################################
 'set vpage  7.2 10.8 4.25 8.5'
```

（续表）

```
   taylor()                ；# 重新初始化设置缺省值
   _skill = 2
  Taylorskill()
##############################################################################
#  'gxprint taylor.png'
#  'gxprint taylor.pdf'
#  'gxprint taylor.eps'

;
##############################################################################
function test_dat()
# lat 30,26,22N  3 个纬度的温度序列（lon:50E~100E）
#  30N Temp 设为参考温度 ref=30N  检验 26N 和 22N 与 30N 温度的相似程度。
  T30='254.739 255.824 256.129 255.844 255.554 254.892 253.323 253.517 254.275 252.498
  253.634'
  T26='259.46 259.704 260.468 260.768 260.483 259.837 259.485 258.772 258.558 257.642
  256.806'
  T22='264.002 263.483 263.692 263.727 263.355 263.035 263.457 263.361 262.892 263.31
  262.979'

  rec = ponint( T30, T26 )
  rms_ref = subwrd(rec,1)       计算 300N 温度序列的均方根误差
  rms_26  = subwrd(rec,2)       计算 260N 温度序列的均方根误差
  cor_26  = subwrd(rec,3)       计算 260N 与 300N 温度序列的相关系数
  avg_ref = subwrd(rec,4)       300N 温度序列的平均值
  avf_26  = subwrd(rec,5)       260N 温度序列的平均值
  nn      = subwrd(rec,6)       温度序列的总点数

  rec = ponint( T30, T22 )
  rms_ref = subwrd(rec,1)
  rms_22  = subwrd(rec,2)
  cor_22  = subwrd(rec,3)
  avg_ref = subwrd(rec,4)
  avf_22  = subwrd(rec,5)
  say '######################## '
# say 'rms_ref='rms_ref' rms26='rms_26' rms22='rms_22' cor26='cor_26' cor22='cor_22
  return (rms_ref' 'rms_26' 'rms_22' 'cor_26' 'cor_22' 'avg_ref' 'avf_22' 'avf_22' 'nn )

  ;
```

```
function ponint( Tref,Tf )
  rec = averg( Tref )
  nn = subwrd(rec,1)
  av_ref = subwrd(rec,2)  ; # ref
  rec = averg( Tf )
  nn  = subwrd(rec,1)
  avf = subwrd(rec,2)
# say ' 平均 nn='nn' av_ref='av_ref' avf='avf

  std_ref = stand(nn,Tref,av_ref)   ; # ref
  stdf   = stand(nn,Tf ,avf)
# say ' 标准差  std_ref='std_ref' stdf='stdf

  rf = corr(nn,Tref,Tf,av_ref,avf,std_ref,stdf)
# say ' 相关系数  rf='rf
  return( std_ref' 'stdf' 'rf' 'av_ref' 'avf' 'nn )
 ;
```

Taylor.gsf

```
###############################################################################
function taylor()
 define_colors
 _cbx = 1     ; # 坐标框颜色
 _tbx = 3     ; # 坐标框粗细
 _sty = 2     ; # 线型
 _bbx = 0     ; # 坐标框底色 0：不填色
 _dx = 0.95   ; # 起点（英寸）
 _dy = 0.95   ; # 缺省（0.95，0.95）
 _rd = '*'    ; # 缺省 由系统决定


 _ylint = 2   ; # Centered pattern RMS error 标坐标值间隔 = _ylint*_xlint
 _cl  = 5     ; # 坐标颜色
 _st  = 6     ; # 线型

# x/y lab
```

（续表）

```
  _xmin = 0
  _xmax  = 1.6          ; # 要根据实际数据 RMS 调整
  _xlint = 0.25         ; # x 轴标坐标值
  _xmark = 2            ; # 每间隔一个标值，其他标短线
# reference/observation
  _cref = 2             ; # 参考线颜色
  _sref = 2             ; # 参考线型
  _tref = 3             ; # 参考线粗细
  _xref = 1.00          ; # 要根据实际数据 RMS 调整


# skill function
  _skint = 0.1          ; # 评分线间隔
  _skill = 0            ; # skill = 1 用 sk1 function or skill=2 sk2 function ; def skill=0
  _r0    = 0.9976       ; # 要根据实际数据调整相关系数（选自 Taylor 文章，关于印度
                             降水数据研究）


# Correlation Lab
  _dc = 0.05
  _cm = 2               ; # lab every each
# etc
  'q string A'  ; _wd = subwrd(result,4)
  _basemap = 0
; function Taylorskill( rms, correlation, mark, cmark, size, cstr )
#  _xmax  = 5.2          ; # 要根据实际数据 RMS 调整
#  _xlint = 1
#  _xref  = 2.9
  base_map( x0,y0,rd,_skill )    ; # >0 不再画 Taylor 底图，确保底图只画一次。
;
function Taylorgram( rms, correlation, mark, cmark, size, cstr )
###########################################################
###        给出 RMS 和相关系数画 Taylor 图           ####
# rms        :均方根误差                              #
# correlation :与参考值的相关系数                      #
# <mark >    : 标记类型（9）                          #
# <cmark>    : 标记颜色（1）                          #
# <size >    : 标记大小（一个字符大小）               #
# <cstr >    : 写标记文字（缺省＝空，不写字符）        #
```

（续表）

```
# 给除 cstr 以外，mark/cmark/size 给 '*' 表示取缺省值          #
# The function return the centered pattern RMS                #
##############################################################
function averg(TT)
# Averg 求平均
  n = 0
  sun=0
  while( n>=0 )
   n = n + 1
   w1 = subwrd(TT,n)
   if( valnum(w1) = 0 ) ; n=n-1 ; break ; endif
   sun = sun+w1
  endwhile
  sun = sun/n
  return( n' 'sun )
;
function corr(n,TR,TF,ar,af,sr,sf)
# Correlation 相关系数
  i = 0
  sun=0
  while( i < n )
   i = i + 1
   w1 = subwrd(TF,i)-af
   w2 = subwrd(TR,i)-ar
   if( valnum(w1) = 0 | valnum(w2) = 0 ) ; break ; endif
   sun = sun+w1*w2
  endwhile
  sun = sun/(n*sr*sf)
 return( sun )
;
function stand(n,TT,avg)
# Standard deviation 标准差 RMS
  i = 0
  sun=0
  while( i < n )
   i = i + 1
   w1 = subwrd(TT,i)-avg
```

（续表）

```
    if( valnum(w1) = 0 ) ; break ; endif
   sun = sun+w1*w1
 endwhile
 sun = sun/n
 sun = math_sqrt(sun)
 return( sun )

;
```

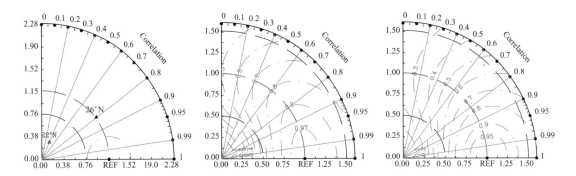

The centered pattern RMS for lat:26N = 0.74

The centered pattern RMS for lat:22N = 1.06

第4章　GrADS数据格式

每一组 GrADS 数据应至少包括两组数据文件，数据描述文件——ASCII 码和数据文件——二进制（数据的真正存放地）。数据文件中只是用户数据的有序排放，而关于数据种类、排放次序、网格描述等是单独放在数据描述文件中。而像 GRIB 和 NetCDF 等通用数据格式，以上两者是存于同一个文件的——称为自定义 / 自解释格式数据。但考虑到 GrADS 传统，对这类自定义格式数据有时仍需要生成相应的数据描述文件后才能使用。GrADS 并不直接使用"数据文件"，而是通过"描述文件"间接使用"数据文件"。上一章中我们已使用过这样的数据，并练习了各种绘图技巧。本章介绍用户如何将自己的数据生成 GrADS 的格式的数据和数据描述文件，以及如何处理几种气象上常用格式数据的问题。

4.1　格点数据描述文件

model.le.ctl 文件清单

注 : 以 * 开始的行为注解行。

```
dset   ^model.le.dat
options little_endian cray_32bit_ieee
UNDEF  -2.56E33
TITLE 5 Days of Sample Model Output
XDEF 72 LINEAR  0.0 5.0
YDEF 46 LINEAR  -90.0 4.0
ZDEF 7 LEVELS 1000 850 700 500 300 200 100
TDEF 5 LINEAR 02JAN1987 1DY
vars 8
ps     0    99    Surface Pressure
u      7    99    U Winds
v      7    99    V Winds
z      7    99    Geopotential Heights
t      7    99    Temperature
q      5    99    Specific Humidity
ts     0    99    Surface Temperature
p      0    99    Precipitation
ENDVARS
```

所有输入必须从第一列开始输入。

4.1.1　数据描述文件各项解释

（1）DSET <路经 /> 数据文件名

　　定义与此数据描述文件相对应的数据文件名。若两者位于同一目录，前面的路经可以省略或以"^"开始。若不在同一目录下，应给出路经参数，如：c:/pcgrads/sample/model.le.dat

注意路经的给法与 DOS 不同，而与 Unix 环境一致，便于移植！

（2）TITLE　数据文件说明文字串。

（3）UNDEF　vaule

　　定义缺测值。一般给一很大的正 / 负值，表示当取此值时认为该值无效。（GrADS 采用跳过或用周围有效点的值处理。）

（4）OPTIONS <keywords>

　　这里定义了与二进制存储有关的选项，二进制存储的一大特点是可移植性差，因此通过 keywords 项来增加可移植性。若 keywords 省略，则 OPTIONS 也可省略。<keywords> 可取：

　　sequential: 顺序无格式方式。

　　yrev: Y 维与 YDEF 定义相反方式存放。

　　zrev: Z 维与 ZDEF 定义相反方式存放。

　　big_endian: 如数据是在 sun,sgi,hp cray 机器上生成的,而目前不在此类机器上使用。

　　little_endian: 如数据是在 iX86,dec 机器上生成的，而目前不在此类机器上使用。

　　byteswapped：反序位存放。

（5）XDEF　number　LINEAR　X_Start　increment

　　number(>=1) 给定 X 方向格点数，其后 LINEAR 参数指明 X 方向是等间隔分布格点，X_Start 起点坐标，increment 网格间距。

　　XDEF　LEVELS　value_list

　　LEVELS 参数指明 X 方向是不等间隔分布格点，因此，其后要给出具体每个格点的坐标值（以空格分开）。

（6）YDEF　number　LINEAR　Y_Start　increment

　　YDEF　LEVELS　value_list

（7）ZDEF　number　LINEAR　Z_Start　increment

　　ZDEF　LEVELS　value_list

（8）TDEF　number　LINEAR　T_Start　increment

　　TDEF　LEVELS　value_list

　　T_Start 和 value_list 给出时间格式如下：hh:mmZddmmmyyyy

　　hh 要以两位数代表小时（缺省 00）；":mm"以两位数代表分钟（缺省：00）；dd 以两位或一位数代表日期（缺省 1）；mmm 为英文月分三个字符的缩写；yyyy 以两位或四位数代表年。如：

　　12Z1JAN90（省：mm）14：45Z22JAN1987　JUN1960

时间 increment 格式 ：vvkk

vv 以两位数字代表 ；kk 取 ：mn- 增量以分为单位 ；hr- 以小时为单位 ；dy- 以天为
单位 ；mo 以月为单位 ；yr 以年为单位。

(9) VARS number

V_abrev levs units description

……

ENDVARS

以 VARS 指示开始定义变量，number 代表变量总的个数 ；以 ENDVARS 指示结束
变量定义。从 VARS 以下，每行定义一个变量。

V_abrev 变量名称，GrADS 将用到 ；levs，数字，代表变量层数，0 表示只有一层 ；
units 单位，为 GRIB 预留，给 99 ；description，对变量的文字描述。

4.1.2　生成model.le.dat和model.le.ctl文件的程序代码片段

mydat 目录中 model_le.f 给出了先根据 model.le.ctl 文件读取 model.le.dat 数据，再将读
取的数据按 GrADS 格式写到 model_le.dat 和 model_le.ctl 文件中的方法。

```
program main
Real ps(72,46,7,5),ts(72,46,7,5),z(72,46,7,5),u(72,46,7,5),v(72,46,7,5)
Real t(72,46,7,5),q(72,46,7,5),p(72,46,7,5)
C 第一部分，读入 model.le.dat 数据。
Open (7,file='model.le.dat', form='unformatted',access='direct',recl=72*46*4)
```

注 ：C 在微机上，要乘 4 ；用 Visual Fortran6.5 不要乘 4 ；sgi 上不要乘 4，需根据具体
情况调整可能要试。

```
IREC = 1    设记录累加器，初值为 1。
DO  it=1,5   最外层时间循环 1~5 天。
read(7,rec=IREC) ((ps(j,i,it),j=1,72),i=1,46)
  IREC = IREC+1
DO  k=1,7 多层变量，每一个水平层作为一个记录（72×46 个点）。
  read(7,rec=IREC) ((u(j,i,k,it),j=1,72),i=1,46)
  IREC = IREC+1
ENDDO
DO  k=1,7
  read(7,rec=IREC) ((v(j,i,k,it),j=1,72),i=1,46)
  IREC = IREC+1
ENDDO
DO  k=1,7
  read(7,rec=IREC) ((z(j,i,k,it),j=1,72),i=1,46)
  IREC = IREC+1
ENDDO
```

```
DO  k=1,7
   read(7,rec=IREC) ((t(j,i,k,it),j=1,72),i=1,46)
   IREC = IREC+1
ENDDO
DO  k=1,5  水气只有 5 层
   read(,rec=IREC) ((q(j,i,k,it),j=1,72),i=1,46)
   IREC = IREC+1
ENDDO
   read(,rec=IREC) ((ts(j,i,k,it),j=1,72),i=1,46)
   IREC = IREC+1
   read(7,rec=IREC) ((p(j,i,k,it),j=1,72),i=1,46)
   IREC = IREC+1
ENDDO
C 第二部分, 写出 mmodel.le.dat 数据。
Open  (8,file='mmodel_le.dat',form='unformatted',access='direct',recl=72*46*4)
Open  (9,file='mmodel_le.ctl')
IREC = 1    设记录累加器, 初值为 1。
DO it=1,5   最外层时间循环 1~5 天。
按在 CTL 文件中的先后次序输出。或者说, ctl 文件按变量输出的先后次序来写。
Write(8,rec=IREC) ((ps(j,I,it),j=1,72),i=1,46)
   IREC = IREC+1
DO k=1,7 多层变量, 每一个水平层作为一个记录（72X46 个点）。
   Write(8,rec=IREC) ((u(j,i,k,it),j=1,72),i=1,46)
   IREC = IREC+1
ENDDO
DO  k=1,7
   Write(8,rec=IREC) ((v(j,i,k,it),j=1,72),i=1,46)
   IREC = IREC+1
ENDDO
DO  k=1,7
   Write(8,rec=IREC) ((z(j,i,k,it),j=1,72),i=1,46)
   IREC = IREC+1
ENDDO
DO  k=1,7
   Write(8,rec=IREC) ((t(j,i,k,it),j=1,72),i=1,46)
   IREC = IREC+1
ENDDO
DO k=1,5  水气只有 5 层
```

```
    Write(8,rec=IREC) ((q(j,i,k,it),j=1,72),i=1,46)
    IREC = IREC+1
 ENDDO
    Write(8,rec=IREC) ((ts(j,i,k,it),j=1,72),i=1,46)
    IREC = IREC+1
Write(8,rec=IREC) ((p(j,i,k,it),j=1,72),i=1,46)
    IREC = IREC+1
 ENDDO
C  write out the correspond the "ctl file"
Write(9,' (a)' ) 'DSET ^model_le.dat'
Write(9,' (a)' ) 'OPTIONS  little_endian cray_32bit_ieee'
Write(9,' (a)' ) 'TITLE 5 Days of Sample Model Output'
Write(9,' (a)' ) 'UNDEF ', -2.56e33
Write(9,' (a)' ) 'XDEF ', 72, ' Linear ', 0.0, 5.0
Write(9,' (a)' ) 'YDEF ', 46, ' Linear ', -90.0, 4.0
Write(9,' (a)' ) 'ZDEF ', 7,' levels ',1000,850,700,500,300,200,100
Write(9,' (a)' ) 'TDEF ', 5 ,' linear 02JAN1987  1DY'
Write(9,' (a)' ) 'VARS ', 8
Write(9,' (a)' ) 'ps ', 0, 99, ' Surface Pressure'
Write(9,' (a)' ) 'u ', 7, 99, ' U winds'
Write(9,' (a)' ) 'v ', 7, 99, ' V winds'
Write(9,' (a)' ) 'z ', 7, 99, ' Geopotential Heights'
Write(9,' (a)' ) 't ', 7, 99, ' Temperature'
Write(9,' (a)' ) 'q ', 5, 99, ' Specific Humidity'
Write(9,' (a)' ) 'ts ', 0, 99, ' Surface Temperature'
Write(9,' (a)' ) 'p ', 0, 99, ' Precipitation'
Write(9,' (a)' ) 'ENDVARS'
STOP
END
```

（标注：一定保证在第一列。）

4.2　站点数据的格式

例1——1980年1月和2月4个站的降水量

rain.ch 文件清单：

```
1980   1    qqq     34.3    -85.5   123.3
1980   1    rrr     44.2    -84.5   99.1
```

（续表）

1980	1	sss	22.4	-83.5	412.8
1980	1	ttt	30.4	-82.5	23.3
1980	2	qqq	34.3	-85.5	145.1
1980	2	rrr	44.2	-84.5	871.4
1980	2	sss	22.4	-83.5	223.1
1980	2	ttt	30.4	-82.5	45.5
年	月	站名	纬度	经度	降水量

rain.c——把上述文件转为 **GrADS** 数据格式（**rain.dat**）。

rain.ctl

rain.map 数据的生成：

dos>stnmap -1 –i rain.ctl 结果生成 **rain.map** 数据。

例2——同一时刻，多个站点，多层数据的生成

```
rsond.ch
1991    7    5    0       时间
53.75              91.40           台站的纬度、经度（台站号丢失）
1005.92      256.0        288.64    286.04    270.00    2.00
地面的气压、海拔、       T、       Td、      风向、     风速。
850          1433.00      290.84    278.84    230.00    7.00
高空层（hPa）、位势、    T、       Td、      风向、     风速。
700          3064.00      279.84    268.84    335.00    9.00
500          5730.00      262.14    243.14    315.00    4.00
400          7400.00      249.34    238.34    345.00    3.00
300          9440.00      232.34    224.34    330.00    22.00
250          10660.00     223.54    216.54    340.00    2.00
200          12090.00     216.34    210.34    40.00     2.00
150          13920.00     219.94    99999.99  305.00    5.00
100          16550.00     220.74    99999.99  310.00    4.00
35.75        111.40       54511          台站的纬度、经度、台站号
1005.92      256.0        288.64    286.04    270.00    2.00
……………………
```

rsond.c——生成 **rsond.dat**

rsond.ctl

```
dset       rsond.dat
options    big_endian
dtype      station
stnmap     rsond.map
undef      99999.0
title      raidio sond
tdef       1 linear jan1980 1mo
vars       11
ps         0    99    prouser
h0         0    99    height
ts         0    99    temperature
tds        0    99    dewpoints
us         0    99    U winds
vs         0    99    V winds
hg         1    99    height  高层资料层数为 1。
t          1    99    temps
td         1    99    dewpoints
u          1    99    U winds
v          1    99    V winds
endvars
```

dos>stnmap -1 –i rsond.ctl　结果生成 **rsond.map** 数据。

4.3　台站资料的显示

rain.gs

```
'open rain.ctl'
'set   digsize 0.2'
'set   lon -140 -40' ；  'set lat 15 85'   ; * 水平范围
'set   stid on'
'd p'
```

rsond.gs

```
'open rsond.ctl'
'set   dignum 1'
'set   digsize 0.19'
'set   stid on'
'set   lon 50 140'   ；
```

（续表）

```
'set  lat 0 80'     ; * 水平范围
  *'set gxout value'
  'set gxout model'
  'd u ; v ; t-273.16 ; td-273.16 ; 0.0 ; 0.0 ; 21'
  *'d us ; vs ; ts-273.16 ; tds-273.16 ; ps ; 0.0,21'
  'set gxout findstn'
  'd   t  ; 6.4 ; 3.2 ' ; say result
  'd   td ; 5.6 ; 2.3' ; say result
  'd   t  ; 3.9 ; 4.0 ' ; say result
```

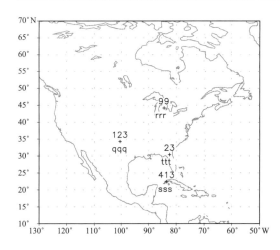 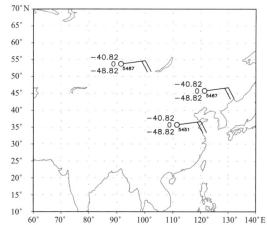

4.4 Cressman.gs——客观分析方法

. . /barnes/station.txt：是一组观测，用 staion_grd.c 生成 GrADS 格式的数据：cbarnes.dat；cbarnes.ctl，cbarnes.map 作客观分析

cressman.gs

```
'open station.ctl'   ; * 站点数据
'set lon   -97 -84'
'set lat    39  46'
'set  vpage 0 4.25 2.6 5.6'
'd  p.1'
'draw title  气压观测 + 缺省影响半径 :10,7,4,2,1, 无第一猜值 '
'set  vpage 0 4.25 2.6 5.6'
 'open   smodel.ctl'  ; * 臆造的数据，只是利用数据的网格对 model.le.ctl 数据
的网格做了重新定义。
```

（续表）

```
  'd oacres(ts.2 , p.1)'        ;*将 p.1 代表的观测分析到 ts.2 代表的网格,ts 的值不参与分析。
# 'd oacres(ts.2 , p.1,10,7,4,2,1)'  ;* 将 t.1 代表的观测分析到 ps.2 代表的网格，ps 的值
不参与分析。
  'draw title 气压观测 + 缺省影响半径 :10,7,4,2,1, 无第一猜值 '
##################################################################
# 将分析数据输出到文件中保存 ( 二进制格式输出 )
# dummy.ctl 文件可以仿照 smodel.ctl 构造
  'set gxout fwrite'
  'set fwrite dummy.dat'
  'd oacres(ts.2 , p.1)'
  'q undef'  ；say ' 显示 undefine 值，用于 构造 dummy.ctl 'result
  'q dim'  ；say ' 显示 dimension 值，用于 构造 dummy.ctl 'result
  'disable fwrite'
##################################################################
  'set vpage 4.25  8.5 2.6  5.6'
  'd oacres(ts.2 , p.1, 10,7,4,2,1,-1,1050.)'  ；* 将 p.1 代表的观测分析到 ts.2 代表的网格，
  ps 的值不参与分析。
  'draw title 缺省影响半径 :10,7,4,2,1, 第一猜值 1050'
  'set vpage 0  4.25  0 3'
  'd oacres(ts.2 , p.1,4,3)'  ;*将 p.1 代表的观测分析到 ts.2 代表的网格,ts 的值不参与分析。
  'draw title 影响半径 :4,3, 无第一猜值 '
  'set  vpage 4.25  8.5 0 3'
  'd oacres(ts.2 , p.1,4,3,-1,1050)'  ；* 将 p.1 代表的观测分析到 ts.2 代表的网格，ts 的值
  不参与分析。
  'draw title  影响半径 :4,3, 第一猜值 =1050'
##################################################################
  'set vpage 4.25 8.5 5.3 8.3'
  'open out2.1.ctl'        ;*firest guest 注意：out2.1.ctl 与 cbarnes.ctl 时间要一致。
  'd oacres(hg.2 , p.1, 10,7,4,2, T)'  ；* 将 p.1 代表的观测分析到 hg.2 代表的网格，
  hg=firest guest 的值参与分析。
  'draw title 缺省影响半径 :10,7,4,2, 第一猜值 =hg.2 in out2.1.ctl'
  'set  vpage 0 4.25 5.3 8.3'
  'open  out2.1.ctl'       ;*firest guest 注意：out2.1.ctl 与 station.ctl 时间要一致。
  'draw title 第一猜值 =hg.2 in out2.1.ctl'
  'set font 0'
  'set  vpage 4.25 8.5 8 11'
  'open  out6.1.ctl'       ;*firest guest 注意：out6.1.ctl 与 station.ctl 时间要一致。
```

（续表）

'd oacres(hg.2 , p.1, 10,7,4,2, T)'　；* 将 p.1 代表的观测分析到 hg.2 代表的网格
hg=firest guest 的值参与分析。
'draw title 影响半径 :10,7,4,2, 第一猜值 =hg.2 in out6.1.ctl'
'set　vpage 0 4.25 8　11'
'open　out6.1.ctl'　　　；*firest guest 注意：out6.1.ctl 与 station.ctl 时间要一致。
'd hg.2'
'draw title 第一猜值 =hg.2 in out6.1.ctl'

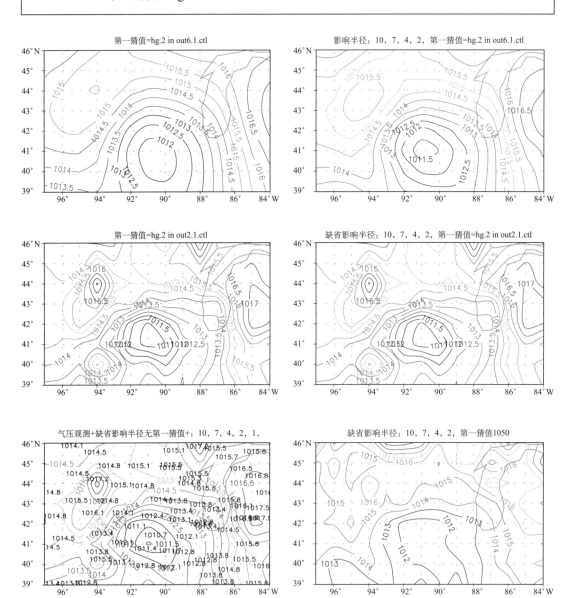

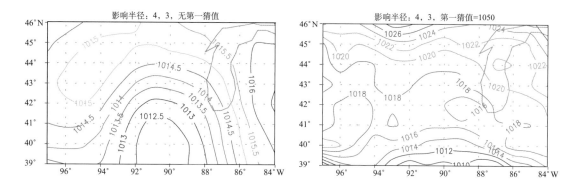

上图显示在作 cressman 客观分析时，影响半径，第一猜值场对分析结果的影响。

../barnes/cbarnes.ctl

```
dset ^cbarnes.dat
options   little_endian
dtype     station
stnmap    ^cbarnes.map
undef     10000.0
title     surface    pressure
tdef      1    linear   jan2011 1mo
vars      1
p         0    99       pressure
endvars
```

cmodel.ctl——构成分析网格

```
dset  model.le.dat
options little_endian cray_32bit_ieee
UNDEF  -2.56E33
TITLE  5 Days of Sample Model Output
XDEF   180   LINEAR   0.0 1. 用户定义网格。可调整网格的范围和分辨率。
YDEF   90    LINEAR   0.0 1.
ZDEF   1     LEVELS   1000
TDEF   1     linear  jan1980 1mo     此时间最好与 cbarnes.ctl 中的一致
vars   1
ts     0     99    Surface   Temperature
ENDVARS
```

q dim 命令显示的结果

```
Default file is: 2
X  is varying lon = 84 to 97  x =  85  to 98
Y  is varying lat = 39 to 46   y =130  to 137
Z is fixed
```

dummy.ctl

```
dset  dummy.dat
options little_endian cray_32bit_ieee
UNDEF  -2.56E33
TITLE Sample Output
XDEF   14   LINEAR    84.0  1.          (14=98 - 85+1)   1 =(97-84)/(14-1)
YDEF    8   LINEAR    39.0  1.          ( 8=137-130+1)   1 =(46-39)/(8-1)
ZDEF    1   LEVELS    1000
TDEF    1   LINEAR    02JAN1987 1DY     时间与垂直层要与 cbarnes.ctl 中的一致
vars    1
p        0  99   sample
ENDVARS
```

Barnes 滤波方案客观分析
Barnes.gs

```
reinit
#Barnes 客观分析方法：
#oabarn(hg.2 , p.1 ,10,7,4,2,1,f,alfa=4)
#oabarn( 网格数据，站点数据 < 扫描半径，缺省 =10,7,4,2,1> <,f/t：网格数据是否作第
一猜，缺省 =f> <alfa 值，缺省 =4> )
 'open station.ctl' ; * 站点数据
 'set lon  -97 -84'
 'set lat   39 46'
 'set t 1'
 'd  p.1'
# 'draw title 气压观测 + 缺省影响半径 :10,7,4,2,1'
  'set  vpage 0  4.25  2.6  5.6'
   'open    smodel.ctl'        ; * 臆造的数据，只是利用数据的网格对 model.le.ctl 数据的
```

（续表）

网格做了重新定义。

'd oabarn(ts.2 , p.1)'　;*将 p.1 代表的观测分析到 ts.2 代表的网格，ts 的值不参与分析。

'draw title 气压观测 + 缺省影响半径 :10,7,4,2,1'

'd oabarn(ts.2 , p.1,10,7,4,2,1,-1,1050)'　;* 将 p.1 代表的观测分析到 ps.2 代表的网格，ps 的值不参与分析。

'draw title 缺省影响半径 :10,7,4,2,1, 第一猜值 1050'

'd oabarn(ts.2 , p.1,4,3)'　;* 将 p.1 代表的观测分析到 ts.2 代表的网格，ts 的值不参与分析。

'draw title 影响半径 :4,3, 无第一猜值 '

'd oabarn(ts.2 , p.1,4,3,-1,1050)'　;* 将 p.1 代表的观测分析到 ts.2 代表的网格，ts 的值不参与分析。

'draw title 影响半径 :4,3, 第一猜值 =1050'

'set vpage 4.25 8.5 5.3 8.3'

'open out2.1.ctl'　　;*firest guest 注意：out2.1.ctl 与 station.ctl 时间要一致。

'd oabarn(hg.2 , p.1, 10,7,4,2,t)'　;* 将 p.1 代表的观测分析到 hg.2 代表的网格，hg=firest guest 的值参与分析。

'draw title 缺省影响半径 :10,7,4,2, 第一猜值 =hg.2 in out2.1.ctl'

'set vpage 0 4.25 5.3 8.3'

'open out2.1.ctl'　　;*firest guest 注意：out2.1.ctl 与 station.ctl 时间要一致。

'draw title 第一猜值 =hg.2 in out2.1.ctl'

'open out6.1.ctl'　　;*firest guest 注意：out6.1.ctl 与 station.ctl 时间要一致。

'd oabarn(hg.2 , p.1, 10,7,4,2,t)'　;* 将 p.1 代表的观测分析到 hg.2 代表的网格，hg=firest guest 的值参与分析。

'set vpage 0 4.25 8 11'

'open out6.1.ctl'　　;*firest guest 注意：out6.1.ctl 与 station.ctl 时间要一致。

'draw title 第一猜值 =hg.2 in out6.1.ctl'

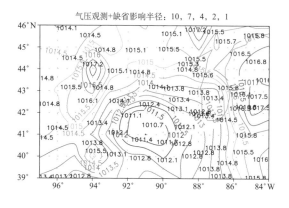

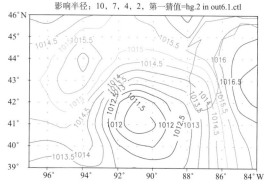

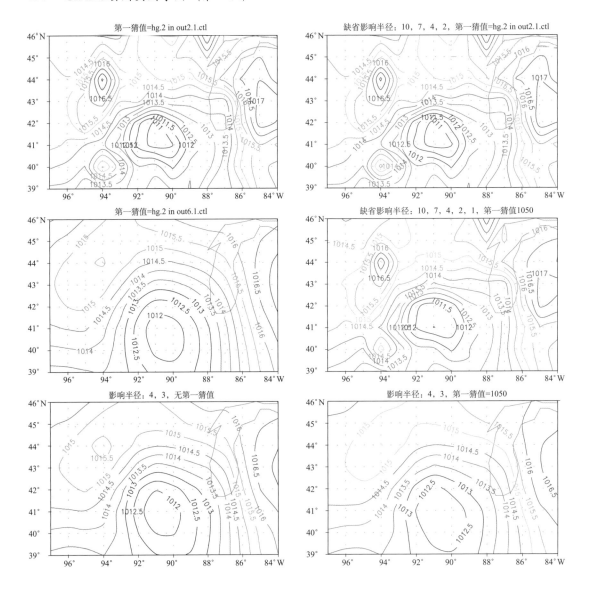

4.5   GRIB格式数据处理

GRIB 格式数据是 WMO 规定的一种通用的气象数据格式，它与二进制数据不同，是与机器无关的，因此可以在各类机器上交换而不受限制，并且具有高压缩比。GrADS 中数据文件与之相应的数据格式说明文件是分开的，而 GRIB 数据文件中包含了数据格式说明，是一种自定义或自解释压缩数据文件。在 GrADS 中使用 GRIB 数据时，关键还是要生成一个与数据文件分离的 CTL 文件。GrADS 演示数据中也提供了一套 GRIB 数据。用户如果自己下载数据也可，目前，GRIB 数据分 grib1 和 grib2 两种格式。第一步，针对不同的格式，采用以下之一的命令生成 ctl 文件。

dos>grib2ctl.pl -verf grib1 格式数据文件名 > 控制文件名 .ctl

dos>g2ctl.pl　-verf grib2 格式数据文件名 > 控制文件名 .ctl

该命令可以从网上下载，是用 perl 语言编写的脚本，下载后放在…/grads/bin 目录下，cygwin 自带 perl 运行环境，可以直接使用。

第二步生成 idx 文件：

dos>gribmap –i 控制文件名 .ctl

生成 index 文件后就可以开始画图了。

例 1：NCEP grib1 数据：grib2003073118（grib2 格式数据照此处理）

　　　1）\$>grib2ctl.pl -verf grib2003073118 > grib2003.ctl

　　　2）\$>gribmap –i grib2003.ctl

grib2003.ctl

```
dset   ^grib2003073118        grib 码数据文件名
index  ^grib2003073118.idx    "indx" 文件名，可以自己修改名称
undef  9.999E+20
title   grib2003073118
*produced by grib2ctl v0.9.12.5p33e
dtype   grib 3
options yrev     注意这里表明实际数据排列是"反"的，即按与 ydef 定义相反放置。
ydef   181 linear -90.000000 1
xdef   360 linear 0.000000 1.000000
tdef   1    linear 18Z31jul2003 1mo
zdef   26   levels
1000  975 950 925 900 850 800 750 700 650 600 550 500 450 400 350 300 250 200 150 100
70 50 30 20 10
vars 93
………………………
LFTXsfc  0 131,1,0  ** surface Surface lifted index [K]
O3MRprs 6 154,100,0 ** Ozone mixing ratio [kg/kg]   6 层臭氧混合率的信息是错误的
```

以上变量名有点长，用户也可自行简化。

注：在 Unix 下 gribmap 不能处理 dos 格式的 ctl 文件，要用 dos2Unix 转换一下。

如果不用 – verf 选项，tdef 要定义成"预报开始时刻＋预报长度"，如上例：12Z10sep1901。记住不要完全相信 grib2ctl.exe 和 g2ctl.exe 给你生成的 ctl 文件。其中 ctl 文件给你的时间可能是错误的。当数据是一个预报数据时，如果命令参数选择不当，ctl 文件往往只会给你预报开始时刻，但数据的实际时间是预报开始时间加预报时长。

4.6　用wgrib/wgrib2解码GRIB1/GRIB2格式数据

在 cygwin 命令行窗口运行 wgrib 或 wgrib2 命令，结果显示 wgrib/wgrib2 的用法。

```
$〉wgrib
Portable Grib decoder for NCEP/NCAR Reanalysis etc.
  it slices, dices   v1.7.3.1 (8-5-99) Wesley Ebisuzaki
  usage: wgrib [grib file] [options]
Inventory/diagnostic-output selections
    -s/-v                    short/verbose inventory
    -V                       diagnostic output (not inventory)
    (none)                   regular inventory
Options
    -PDS/-PDS10              print PDS in hex/decimal
    -GDS/-GDS10               print GDS in hex/decimal
    -verf                    print forecast verification time
    -ncep_opn/-ncep_rean     default T62 NCEP grib table
    -4yr                     print year using 4 digits
Decoding GRIB selection
    -d [record number|all]   decode record number
    -p [byte position]       decode record at byte position
    -i                       decode controlled by stdin (inventory list)
    (none)                   no decoding
Options
    -text/-ieee/-grib/-bin   convert to text/ieee/grib/bin (default)
    -nh/-h                   output will have no headers/headers (default)
    -H                       output will include PDS and GDS (-bin/-ieee only)
    -append                  append to output file
    -o [file]                output file name, 'dump' is default
```

用 wgrib/wgrib2 解码 GRIB 数据

```
$>wgrib  grib2003073118
1:0:d=03073118:HGT:kpds5=7:kpds6=100:kpds7=1000
2:114114:d=03073118:HGT:kpds5=7:kpds6=100:kpds7=975
. . . . . . . . . . . . . . . .
13:1369368:d=03073118:HGT:kpds5=7:kpds6=100:kpds7=500

...
（grib2003.ctl 中臭氧的描述是错误的）
121:10411198:d=03073118:O3MR:kpds5=154:kpds6=100:kpds7=100   100hPa
122:10509022:d=03073118:O3MR:kpds5=154:kpds6=100:kpds7=70    70hPa
123:10606846:d=03073118:O3MR:kpds5=154:kpds6=100:kpds7=50    50hPa
124:10712814:d=03073118:O3MR:kpds5=154:kpds6=100:kpds7=30    30hPa
```

（续表）

```
125:10818782:d=03073118:O3MR:kpds5=154:kpds6=100:kpds7=20    20hPa
126:10932896:d=03073118:O3MR:kpds5=154:kpds6=100:kpds7=10    10hPa
...............
283:23612168:d=03073118:GPA:kpds5=27:kpds6=100:kpds7=500
284:23726282:d=03073118:5WAVA:kpds5=230:kpds6=100:kpds7=500
```
总共有 284 个记录，每个记录代表一个水平层。

如解码第 13 号记录，代表 500hPa 位势高度

$>wgrib grib2003073118 –d 13 -nh -o dump.dat

参照 grib2003.ctl 构造 dump.dat 对应的 ctl 文件格式。

```
dset    ^dump.dat
undef  9.999E+20
title    grib2003073118
options yrev
ydef   181   linear -90.000000 1
xdef   360   linear 0.000000 1.000000
tdef   1      linear 18Z31jul2003 1mo        ; * 注意核对时间
zdef   26 levels
1000 975 950 925 900 850 800 750 700 650 600 550 500 450 400 350 300 250 200 150 100
70 50 30 20 10
vars   1
HGTprs 0 7,100,500 ** Geopotential height [gpm]
ENDVARS
```

如果要画臭氧混合率需要修改 grib2003.ctl 文件

```
dset    ^grib2003073118
index   ^grib2003073118_O3.idx
undef  9.999E+20
title    grib2003073118
*produced by grib2ctl v0.9.12.5p33e
dtype  grib 3
options yrev
ydef   181   linear -90.000000 1
xdef   360   linear 0.000000 1.000000
tdef   1      linear 18Z31jul2003 1mo
zdef   26   levels
1000 975 950 925 900 850 800 750 700 650 600 550 500 450 400 350 300 250 200 150 100
```

```
70 50 30 20 10
vars 98
...
（将原来的臭氧信息"O3MRprs 6 154,100,0 ** Ozone mixing ratio [kg/kg]"一行替换为
以下六行。相应地，也增加了 5 个新的变量，原来的一行也要做相应的修改。）
O3MRprs1  0  154,100,100 ** Ozone mixing ratio [kg/kg]
O3MRprs2  0  154,100,70 ** Ozone mixing ratio [kg/kg]
O3MRprs3  0  154,100,50 ** Ozone mixing ratio [kg/kg]
O3MRprs4  0  154,100,30 ** Ozone mixing ratio [kg/kg]
O3MRprs5  0  154,100,20 ** Ozone mixing ratio [kg/kg]
O3MRprs6  0  154,100,10 ** Ozone mixing ratio [kg/kg]
… .
ENDVARS
```

再运行 gribmap -i grib.ctl 生成新的 *.idx 文件即可。

4.7　WRF模式数据处理

WRF 模式、MM5 模式都是目前从网上可以下载的气象软件，因此在国内经常可以见到。但这两种模式的数据特点数据的水平网格都不是标准的经纬度网格。需要在 ctl 文件中加入 PDEF 定义说明把这种非标准的数据经过 GrADS 内部的计算转换成标准的经纬度网格数据使用。

wrfout_d01_000000.nc.bin_map.ctl 文件

```
dset ^wrfout_d01_000000.nc.bin.ieee
options sequential big_endian
undef  -999999
pdef   130 120 lcc 31.0 110. 50.0 63.0 30. 60. 110. 30000. 30000.
xdef   300 linear    89 0.2
ydef   200 linear    12 0.2
zdef   10 levels
 1000  925 850 700 600 500 400 300 200 150
tdef    9  linear 00z09jul2003 1hr
vars  59
………………
endvars
```

其中 PDEF 说明：

pdef 130 120 lcc 31.0 110.50.0 63.0 30. 60. 110. 30000. 30000.

原始数据水平有 130×120 格点，lcc: 采用 Lambert 投影；模式的参考点在北纬 31 度，东经 110 度；该点对应的网格点坐标为水平第 50 个格点，y 方向第 63 格点；Lambert 投影对应的两个标准纬度为北纬 30 度和 60 度，标准纬度为东经 110 度；网格距为（x/y）30000m×30000m。

以下定义标准的经纬度网格，网格的范围间距由用户自己定义，可以与原网格无关，只要能保证原数据落在网格范围内即可。

xdef 300 linear 89 0.2

ydef 200 linear 12 0.2

以上 xdef/ydef 说明标准的经纬度网格有 300×200 个格点，左下点在（北纬 12°，东经 180°），网格距 0.2×0.2。

wrf.gs

```
'open wrfout_d01_000000.nc.bin_map.ctl'
'set mproj nps'
'set lev 500'
'd z'
'd tc'
```

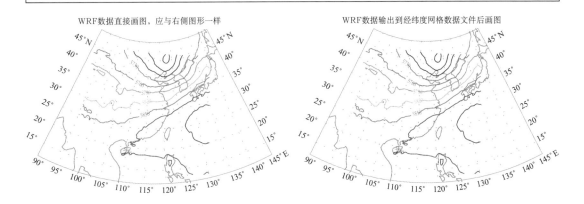

WRF数据直接画图，应与右侧图形一样　　　　　　　　WRF数据输出到经纬度网格数据文件后画图

4.8　NetCDF格式数据

NetCDF 数据称为网络通用数据格式，与 GRIB 数据一样，也是一种自定义格式的数据，数据使用与计算机体系结构无关，即同一数据可以传到任何计算机上使用，条件是计算机上已安装有能处理 NetCDF 数据的软件。但与 GRIB 数据不同，NetCDF 数据有可能并不压缩数据。在 sample 目录下，已给出了同一数据用三种格式存储数据文件（model.le.dat（二进制格式）、model.dat（GRIB 格式）、model.nc(NetCDF 格式)）。GrADS 已包含处理 NetCDF 数据格式的功能,使用起来非常简单,即用 sdfopen 命令直接打开 NetCDF 数据即可。但并不是所有 NetCDF 数据都能被 GrADS 打开。能打开的数据是：1）数据中定义了坐标；2）NetCDF 数据中可以定义多种坐标，即一个文件中可以有多种类型的数据。只有定义简

单坐标的数据才能被 GrADS 读取。因此要做到处理任意的 GRIB 或 NetCDF 数据，一定要安装 GRIB 和 NetCDF 专用工具。

打开 NetCDF 数据的方法有两种，一种是直接使用 sdfopen 打开 NetCDF 数据：

gs>sdfopen model.nc

但这时你最想知道的是文件中有什么数据、名称、范围等信息——即 ctl 文件描述的内容。因此打开数据后的第一命令就是：

gs>q ctlinfo

```
ga-> q ctlinfo
dset ../model.nc
title 5 Days of Model Output
undef -2.56e+33
dtype NetCDF
xdef   72   linear 0 5
ydef   46   linear -90 4
zdef   7       levels 1000 850 700 500 300 200 100
tdef   5       linear 00Z02JAN1987 1440mn
vars   8
ps=>ps  0  t,y,x     Surface Pressure(hPa)
Ts=>ts  0  t,y,x     Surface Temperature(K)
Pr=>pr  0  t,y,x     Precipitation(mm)
U=>u    7  t,z,y,x   U WIND(m/s)
V=>v    7  t,z,y,x   V WIND(m/s)
z=>z    7  t,z,y,x   Geopotential Heights(gpm)
t=>t    7  t,z,y,x   Temperature(K)
q=>q    7  t,z,y,x   Specific Humidity(km/km)
endvars
 ga->
```

注意，这里比湿 q 是 7 层的而不是 5 层，但最上面两层装的都是"undef"值。变量名后面的"0"或"7"指的是只有一层"地面层"或 7 层等压面层的要素。"t,y,x"或"t,z,y,x"表示要素按 c 语言存储次序，即 c 语言定义 ps[5][46][72]；q[5][7][46][72]。最后是文字解释和单位。除了上述命令之外，与之类似的命令有"q attr"，"q file"，"q dims"请参考帮助网页学习。

第二个例子，下面的数据中定义了两套垂直坐标，一套是 7 层等压面坐标，定义了 5 层坐标。打开数据

```
ga-> sdfopen model.my.nc
Scanning self-describing file:  model.my.nc
SDF file model.my.nc is open as file 1
```

（续表）

```
    LON set to 0 360
    LAT  set to -90 90
    LEV  set to 1000 1000
    Time values set: 1987:1:2:0 1987:1:2:0
    E set to 1 1
    ga-> q ctlinfo
    dset model.my.nc
    title
    undef -2.56e+33
    dtype NetCDF
    xdef 72 linear 0 5
    ydef 46 linear -90 4
    zdef 7 levels 1000 850 700 500 300 200 100
    tdef 5 linear 00Z02JAN1987 1440mn
    vars 7
    ps=>ps  0  t,y,x  Surface Pressure(hPa)
    Ts=>ts  0  t,y,x  Surface Temperature(K)
    Pr=>pr  0  t,y,x  Precipitation(mm)
    U=>u  7  t,z,y,x  U WIND(m/s)
    V=>v  7  t,z,y,x  V WIND(m/s)
    z=>z  7  t,z,y,x  Geopotential Heights(gpm)
    t=>t  7  t,z,y,x  Temperature(K)
    endvars
    ga->
```

　　未发现数据中的"比湿"变量，要想使用数据中的"比湿"，只能用"xdfopen"命令打开数据，但此时要编写一个"ctl"才行。借助 ncdump 命令扫描 NetCDF 文件头

```
    $>ncdump -c model.my.nc
    NetCDF model.my {
    dimensions: 坐标定义
        longitude = 72 ；  第 1 维
        latitude = 46 ；   第 2 维
        time = 5 ；        时间维
        level = 7 ；       垂直坐标 -7 层
        level5 = 5 ；      垂直坐标 -5 层
    variables:
        float longitude(longitude) ；
```

（续表）

```
            longitude:units = "degrees_east" ；      第 1 维：从西到东，单位度
        float latitude(latitude) ；
            latitude:units = "degrees_north" ；      第 2 维：从南指向北，单位度
        float time(time) ；
            time:units = "day since 1987-1-2" ；     时间从 1987 年 1 月 2 日，间隔 1 天
        float level(level) ；
            level:units = "hPa" ；
        float level5(level5) ；
            level5:units = "hPa" ；
        float ps(time, latitude, longitude) ；
            ps:missing_value = -2.56e+33f ；
            ps:_FillValue = -2.56e+33f ；
            ps:units = "hPa" ；
            ps:long_name = "Surface Pressure(hPa)" ；
            z:units = "GHM" ；
            z:long_name = "Geopotential Heights(gpm)" ；
        float t(time, level, latitude, longitude) ；
            t:missing_value = -2.56e+33f ；
            t:_FillValue = -2.56e+33f ；
            t:units = "celsius" ；
            t:long_name = "Temperature(K)" ；
        float q(time, level5, latitude, longitude) ；
            q:missing_value = -2.56e+33f ；
            q:_FillValue = -2.56e+33f ；
            q:units = "km/km" ；
            q:long_name = "Specific Humidity(km/km)" ；
data:

 longitude = 0, 5, 10, 15, 20, 25, 30, 35, 40, 45, 50, 55, 60, 65, 70, 75,
    80, 85, 90, 95, 100, 105, 110, 115, 120, 125, 130, 135, 140, 145, 150,
    155, 160, 165, 170, 175, 180, 185, 190, 195, 200, 205, 210, 215, 220,
    225, 230, 235, 240, 245, 250, 255, 260, 265, 270, 275, 280, 285, 290,
    295, 300, 305, 310, 315, 320, 325, 330, 335, 340, 345, 350, 355 ；

 latitude = -90, -86, -82, -78, -74, -70, -66, -62, -58, -54, -50, -46, -42,
    -38, -34, -30, -26, -22, -18, -14, -10, -6, -2, 2, 6, 10, 14, 18, 22, 26,
    30, 34, 38, 42, 46, 50, 54, 58, 62, 66, 70, 74, 78, 82, 86, 90 ；
```

（续表）

```
time = 0, 1, 2, 3, 4 ;

level = 1000, 850, 700, 500, 300, 200, 100 ; 垂直 7 层

level5 = 1000, 850, 700, 500, 300 ;            垂直 5 层
}
```

参照 ncdump 扫描间隔和之前的"q ctlinfo"的样本编写 ctl 文件。

model.my.nc.ctl——用 xdfopen model.my.nc.ctl。但不能读取比湿变量

```
dset ^model.my.nc
title  5 Days of Sample Model Output
undef -2.56e+33
dtype  NetCDF
XDEF longitude
YDEF latitude
ZDEF level
TDEF time
vars 7
ps=>ps  0  t,y,x  Surface Pressure(hPa)
Ts=>ts  0  t,y,x  Surface Temperature(K)
Pr=>pr  0  t,y,x  Precipitation(mm)
U=>u  7  t,z,y,x  U WIND(m/s)
V=>v  7  t,z,y,x  V WIND(m/s)
z=>z  7  t,z,y,x  Geopotential Heights(gpm)
t=>t  7  t,z,y,x  Temperature(K)
endvars
```

model.mync.ctl——用 xdfopen model.mync.ctl。但只能读取比湿变量和地面变量。

```
dset ^model.my.nc
title 5 Days of Sample Model Output
undef -2.56e+33
dtype NetCDF
XDEF longitude    这里只写维数坐标名
YDEF latitude
ZDEF level5
TDEF time
vars 4
```

（续表）

```
ps=>ps  0  t,y,x  Surface Pressure(hPa)
Ts=>ts  0  t,y,x  Surface Temperature(K)
Pr=>pr  0  t,y,x  Precipitation(mm)
q=>q    5  t,z,y,x  Specific Humidity(km/km)
endvars
```

4.9 Katrina台风

rem_sim_abi_band10_2005_0828_2200utc.nc.ctl

```
dset ^rem_sim_abi_band10_2005_0828_2200utc.nc
dtype NetCDF
UNDEF  -999.0
TITLE NCSA-FCM 2-KM CONUS ABI VISIBLE DATA REMAPPED TO GOES-R 2-KM
DOMAIN
#XDEF west-east       ; # 错误
#YDEF south_north     ; # 错误
# 正确
XDEF west-east       753  LINEAR 1 1     这里要写维数坐标名和网格定义
YDEF south_north     685  LINEAR 1 1     但这里只是网格坐标。不代表经纬度。
TDEF time
vars 4
lat=>lt        0   y,x                    每个格点对应的经纬度值
lon=>ln        0   y,x
ABI_TBB_10=>tbb_10 0 t,y,x ABI brightness temperatures band 10 (7.34um)
ABI_scaledint_10=>scaledint_10 0 t,y,x Surface emissivity band 10 (7.34um)
ENDVARS
```

Ncdump rem_sim_abi_band10_2005_0828_2200utc.nc

```
NetCDF rem_sim_abi_band10_2005_0828_2200utc {
dimensions:
     west-east = 753 ;
     south_north = 685 ;
     time = 1 ;
variables:
     float lat(south_north, west-east) ;
          lat:long_name = "Latitude" ;
```

```
            lat:units = "degrees_north" ;
            lat:valid_range = -90.f, 90.f ;
            lat:_FillValue = -999.f ;
      float lon(south_north, west-east) ;
            lon:long_name = "Longitude" ;
            lon:units = "degrees_east" ;
            lon:valid_range = -180.f, 180.f ;
            lon:_FillValue = -999.f ;
      short ABI_TBB_10(time, south_north, west-east) ;
            ABI_TBB_10:long_name = "ABI brightness temperatures band 10 (7.34um)" ;
            ABI_TBB_10:units = "K" ;
            ABI_TBB_10:coordinates = "lat lon" ;
            ABI_TBB_10:scale_factor = 0.01f ;
            ABI_TBB_10:valid_min = 0s ;
            ABI_TBB_10:_FillValue = -32768s ;
            ABI_TBB_10:missing_value = -32768s ;
      short ABI_scaledint_10(time, south_north, west-east) ;
            ABI_scaledint_10:long_name = "Surface emissivity band 10 (7.34um)" ;
            ABI_scaledint_10:units = "milliwatts/m2/steradian/cm-1" ;
            ABI_scaledint_10:add_offset = -0.5049261f ;
            ABI_scaledint_10:coordinates = "lat lon" ;
            ABI_scaledint_10:scale_factor = 0.004926139f ;
            ABI_scaledint_10:valid_min = 1s ;
            ABI_scaledint_10:_FillValue = 0s ;
            ABI_scaledint_10:missing_value = 0s ;
      float time(time) ;
            time:long_name = "Image start time" ;
            time:units = "seconds since 2005-08-28 22:00" ;

// global attributes:
            :TITLE = "NCSA-FCM 2-KM CONUS ABI VISIBLE DATA REMAPPED TO
GOES-R 2-KM DOMAIN" ;
            :INSTITUTE = "UNIVERSITY OF WISCONSIN-MADISON SSEC/CIMSS" ;
            :HISTORY = "The model was simulated on a supercomputer at the National Center
for Supercomputing  Applications. The CIMSS forward radiative transfer modeling system
was then used to compute  simulated radiances for each ABI band" ;
            :SOURCE = "Simulated ABI scaled integer data  for this dataset  were computed
```

（续表）

using output from a high-resolution Weather Research and Forecasting model coupled with the CIMSS forward radiative transfer models" ;

　　　　:REFERENCE = "Otkin, J. A., T. J. Greenwald, J. Sieglaff, and H.-L. Huang, 2009: Validation of a large-scale simulated brightness temperature dataset using SEVIRI satellite observations. [accepted for publication in/ J. Appl. Meteor. Climatol/.]" ;

　　　　:Conventions = "CF-1.4" ;

　　　　:REMAP_AUTHOR = "JASON OTKIN" ;

　　　　:GRB_SCALED_AUTHOR = "KABA BAH" ;

　　　　:PROCESSED_DATE = "Wed May 27 23:54:06 2009" ;

　　　　:FM_CVS_VERSION = "Release_Sep08_A" ;

　　　　:NWP_MODEL = "OUTPUT FROM WRF V2.2 MODEL" ;

　　　　:CEN_LAT = 37.34798f ；中心维度 =37.34798

　　　　:CEN_LON = -96.5871f ；中心维度 =-96.5871

　　　　:OUTPUT_TIME = "2005-06-04_22:40:00" ;

　　　　:WRF_MAP_PROJ = "Mercator" ；　　麦克托投影

　　　　:dyKm = 2.f ;　　　　　　　　　网格距：2km x 2km

　　　　:dxKm = 2.f ;

　　　　:rotation = 0.f ;

　　　　:xMin = -0.1179891f ;

　　　　:xMax = 0.1966484f ;

　　　　:yMin = -0.8768772f ;

　　　　:yMax = -0.5622401f ;

data:

　time = 0.001 ;

　}

　　rem.gs

```
# GrADS version 2.0.2+
'reinit'
'set imprun default.gs'
'whitebackground'      ；# 白色背景
#"define_colors  255"
#"define_rainbowcolor  16  255"
'set rgb 33 119 119 119 1'


############################  画原始图  ############################
```

（续表）

```
'xdfopen rem_sim_abi_band10_2005_0828_2200utc.nc.ctl'
if( 10 ）；# 左上 用画矢量的方法也能画填色图，只是网格坐标
  'set vpage 0 5.5  4.5 8.5 '
  'set mproj off'  ；# 非地图数据
  'set_parea 80% 90%'
  'set xlab off'
  'set ylab off'
# 'set gxout stream'
  'set gxout vector'
# 'set rbcols  0 9 14 4 11 5 13 3 10 7 12 8 2 6  0'
  'set rbcols 15 9 14 4 11 5 13 3 10 7 12 8 2 6 33'
  'set clevs  200 202 205 207 210 212 215 220 222 225 227 230 232 235 240'
  'set arrscl 0.01 100'
  'd  ln ；lt ；tbb_10'  ；say '1=='result ；#min/max -300 250
# 用画 vector 或 stream 方法画云图 云图向右倾斜？有灰边
  cbarn
  d_lon( )
  'set_parea off'
  'set strsiz 0.18'
  'draw title gxout vector/stream'
endif

if( 10 ）；# 左下
  'set vpage 0 5.5 0 4.0'
  'set mproj off'
  'set_parea 80% 90%'
  'set xlab off'
  'set ylab off'
  'set gxout shade1'
  'set rbcols  0 9 14 4 11 5 13 3 10 7 12 8 2 6  0'
# 'set rbcols -1 9 14 4 11 5 13 3 10 7 12 8 2 6 33'
  'set clevs  200 202 205 207 210 212 215 220 222 225 227 230 232 235 240'
  'd  tbb_10'  ；say '2=='result ；#min/max -300 250
# 用画等值线方法画云图 undef=-32768（能用 undef=-999）云图向右倾斜？
  d_lon( )
  'set strsiz 0.18'
  'draw title gxout shaded x:1 753 y:1 685'
```

```
 'set parea off'
endif
#############################################################################

if( 10 )  ;# 右上
  'set vpage 5.5 11 4.5 8.5'
  'set mproj off'
  'set_parea 80% 90%'
  'set gxout scatter'
# 'set digsiz 'size        ;# 设置标记大小
  'set cmark 3'            ;# 设置标记型状：圆
# 'set cmark 5'            ;# 设置标记型状：方型
# 'set grid off'           ;# 不画经纬度网格
  'set xlab off'
  'set ylab off'
  'set vrange  1 753'   ;# scatter 图，设置 range/range2 设置 X、Y 轴范围。
  'set vrange2 1 685'   ;# X，Y 坐标按 网格坐标设置。
  'set rbcols 0 9 14 4 11 5 13 3 10 7 12 8 2 6 33'
  'set clevs  200 202 205 207 210 212 215 220 222 225 227 230 232 235 240'
  'd  lon ; lat ; tbb_10'  ; say '4=='result  ;# lon: l~753  lat: 1~685
  'q gxinfo'  ; say result
#  cbarn
  'set strsiz 0.18'
# 用 scatter 方法画云图 undef=-999（用 undef=-32768 有灰边）云图向右倾斜？
  'draw title gxout scatter lon: 1 753 lat: 1 685'

   d_lon()
  'set parea off'
endif

if( 10 ) ;# 右下
  'set gxout scatter'
  'set vpage 5.5 11 0 4.0'
  'set mproj scaled'
  'set_parea 80% 90%'
  'set xlab off'  ; 'set ylab off'
  'set vrange  -97 -81'  ;
```

（续表）

```
 'set vrange2  19  35' ; # X，Y 坐标按 经纬度坐标设置。
 'set rbcols -15 9 14 4 11 5 13 3 10 7 12 8 2 6  33' ; # -15 透明色 15 灰色
 'set clevs  200 202 205 207 210 212 215 220 222 225 227 230 232 235 240'
# rem *.ctl 中 undef=-999( 经纬度的无效值 )(tbb_10 的无效值 =-32768) 不产生灰边
 'd  ln ; lt ; tbb_10' ;
say '3=='result  ; #(=104 78 16 38) ; # ln: -97~-81  lt: 19~35 云图不向右倾斜
#  cbarn

 'set strsiz 0.18'
 'draw title gxout scatter ln: -97 -81 lt: 19 35'
# 'set parea off'
 'set lon -97 -81'                    ; 'set lat  19  35'
 'set mpdset hires'                   ; # 高精度地图背景 （省界）
 'draw map'
endif


if( 10 )  ; # 云图叠加形式场
  'nfile all'
  'sdfopen model.nc'
  'set gxout contour'
  'set xlpos 0 b'
  'set xlab on'  ; 'set ylab on'
  'set lev 500'
  'set lon -97 -81'
  'set lat  19   35'
  'd z/10'
endif


function d_lon()
  'set gxout contour'  ; # 重画边框和坐标标值
  'set xlab on'
  'set ylab on'
  'set ylint 50'
  'set xlpos 0 b'
  'set cmin 9999'
  'd lon'

;
```

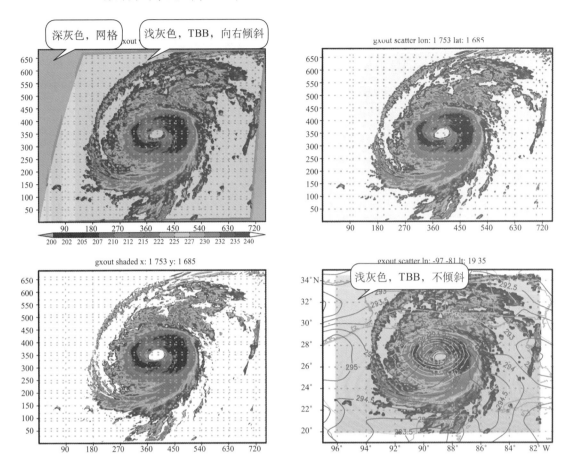

4.10　风云气象卫星

　　1409160330fy2f2.AWX 和 1409160330fy2d2.AWX 是 Micaps 中风云卫星 AWX 格式的卫星数据。首先通过 awx.F90 工具，将 AWX 数据处理成 GrADS 可用的二进制数据，1409160330fy2f2.dat 和 1409160330fy2d2.dat。手动编写相应文件的 ctl 文件，1409160330fy2f2.ctl 和 1409160330fy2d2.ctl 即可开始使用。

　　awx.F90

```
Program  Main
implicit none
! character(len=120)  :: infile ='1409160330fy2d2.AWX' ! input *.AWX 文件 网格：lon:
27~147 0.1 1201
! character(len=120)  :: outfile='1409160330fy2d2.dat' ! output *.dat 文件      lat: -60~60
0.1 1201
    character(len=120)  ::  infile ='13070509H.AWX' ! input *.AWX 文件 网格：lon:
52~172 0.1 1201
```

（续表）

```
    character(len=120)  ::  outfile='13070509H.dat'  !  output *.dat 文件        lat: -60~60 0.1
1201
  character(len=1)    ::  ch(1201)
  real            ::  TBB(1201,1201)
  integer :: i, max, min

 open( 10 , file = infile , access='direct', status='old', recl=1201 )
 open( 11 , file = outfile, access='stream' )
 do i = 1 , 1201
   read( 10, rec=i+2) ch
   TBB(1:1201,i)=( ichar(ch(1:1201)) + 100.0 )
    max = maxval( ichar(ch(1:1201)) + 100.0 )
    min = minval( ichar(ch(1:1201)) + 100.0 )
  enddo
  print*, 'max=',max, ' min=',min
  write(11) TBB
END
```

1409160330fy2f2.ctl

```
DSET  ^1409160330fy2f2.dat
OPTIONS  yrev
#UNDEF   -0.10E+10
UNDEF    -9.99E+8
Title FY2F  product
XDEF  1201 LINEAR  52.0   0.1
YDEF  1201 LINEAR  -60.0  0.1
ZDEF  1  LINEAR  1000 1
TDEF  1  LINEAR  19:30Z15Sep2014 1DY
VARS  1
TBB   0  99  亮温度 (K)
ENDVARS
```

13070509Hfy2d2.ctl

```
DSET  ^13070509H.dat
OPTIONS  yrev
```

（续表）

```
UNDEF    -0.10E+10
Title FY2D  product
XDEF   1201 LINEAR   27.0    0.1
YDEF   1201 LINEAR  -60.0    0.1
ZDEF  1 LINEAR  1000 1
TDEF  1  LINEAR 19:30Z15Sep2014 1DY
VARS  1
TBB    0  99  亮温度 (K)
ENDVAR
```

awxfy.gs

```
DSET   ^13070509H.dat
OPTIONS  yrev
UNDEF    -0.10E+10
Title FY2D  product
XDEF   1201 LINEAR   27.0    0.1
YDEF   1201 LINEAR   -60.0    0.1
ZDEF  1 LINEAR  1000 1
TDEF  1  LINEAR 19:30Z15Sep2014 1DY
VARS  1
TBB    0  99  亮温度 (K)
ENDVAR
```

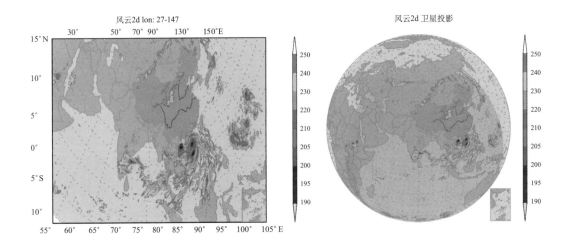

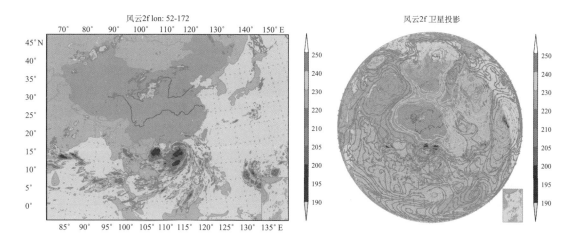

4.11　雷达图像

首先雷达基数据要通过"CINRAD 雷达产品显示系统"软件（光盘）转换成按经纬度表示的平扫数据。本书以北京雷达为例，基数据雷达文件 6500KHGX20000610_000610，经上述软件转换后生成的第 1 层平扫数据 200006100006_R_PPI_L1.txt（你也可以选择生成第 1 到 14 层的平扫数据）。再经过 read_radar.F90 工具转换成 GrADS 标准的站点格式数据：200006100006_R_PPI_L1.stn、200006100006_R_PPI_L1.map 和 200006100006_R_PPI_L1.ctl 文件。GrADS 根据以上 3 个文件即可画出雷达平扫图，本书举例将北京和合肥的雷达显示在一张图上，并在其上叠加上天气形势场。注意，这里只是演示各项功能，北京雷达、合肥雷达和形势场数据并不是同一时次的数据，它们本不该出现在同一张图上。

200006100006_R_PPI_L1.txt 文件清单

LNG(°)	LAT(°)	V(dBZ)
116.464591	39.815891	N/A
116.457238	39.822893	2.5
116.449885	39.829896	7.5
116.442533	39.836898	16.5
116.376357	39.899917	35.0
116.369004	39.906919	29.5
………		

read_radar.F90 文件清单

```
program cinrad_radar_to_grads
  implicit none
  character*120 :: radar_file = '200006100006_R_PPI_L1.txt'    ! 输入的 radar.txt 数据文
件名，一层一个文件
```

（续表）

```
    character*120 :: out_file  = 200006100006_R_PPI_L1'    !输出的 radar.txt 数据文件名,
一层一个文件

    call read_radar( radar_file, out_file )
stop
end program
```

200006100006_R_PPI_L1.ctl 文件清单

```
DSET  ^200006100006_R_PPI_L1.stn
options little_endian
UNDEF   -9.99E+08
title  北京 : 116.47 39.80
dtype   station
STNMAP ^200006100006_R_PPI_L1.map
tdef  1  linear 00:06z10Jan2000 1DY
vars 1
vdbz_s     0  99  反射率 [dbz]
ENDVARS
```

grads_RADAR.gs 文件清单

```
###############################################################################
# 功能 : 显示雷达数据 或雷达拼图 ；叠加天气形势 .
# 注意这里并不检查雷达数据是否是同一时刻的,
# 即用户自己应清楚同一图上的两个雷达图像有可能不代表同一时刻。
# 可以定义 n 个雷达数据文件, 做雷达拼图,
###############################################################################
reinit
#whitebackground
  'set imprun default.gs'
# 给出雷达数据文件（ctl 文件）###########################################

radar1 =' 北京雷达 /200006100006_R_PPI_L1.ctl'

radar2 =' 合肥雷达 /200801271738_R_PPI_L1.ctl'

# 经纬度范围  #################################################
```

（续表）

```
minlon = 106  ;  maxlon = 124
minlat = 28     ;  maxlat = 44

if( 10 )
  ' 中国 _ 陆地 _ 海洋 _ 背景 .gs * * * * * * * * 'minlon' 'maxlon' 'minlat' 'maxlat
endif

# 按以下介绍的画法, 本例选用：画法 2    ################################
# 定义新的 rainbow 颜色。 缺省用 function set_rbcols() 定义 rbcols 81 ~ 96。
# rainbow =" 自定义 rainbow.gs"  ;# 另行编写的 gs 文件 ( 编写方法参考 function set_
rbcols() 或调用其他工具 ) 定义 rainbow 颜色。

# 自定义画法 gs 文件。 缺省：为空，即由系统自己确定画法
if( 10 ) ;# 画法 2: 不等间隔填色, 要求 1 定义：set clevs
# 1：定义等值线间隔  clevs ------------------------------------------------------------
  cld = '' ;# 自定义等值线间隔画法 "
  rec = write( cld.gs, cld )
  cld = '''set clevs  2.5 7.5 12.5 17.5 22.5 27.5 32.5 37.5 42.5 47.5 52.5 57.5 62.5 67.5 72.5 75'''
  rec = write( cld.gs, cld, append )  ;# 多于一行时, 第二行以后都要加 append 参数。
  rec = close( cld.gs )
#------------------------------------------------------------------------------------------
# 2: 定义：set rbcols 可另行编写 ” 自定义 rainbow.gs “ 文件 , 通过以下方式引用
#  以下 3 行已被注解掉, 说明 rainbow 颜色用 function set_rbcols() 定义
#  cld = ''' 自定义 rainbow.gs''' ;# 另行编写 ” 自定义 rainbow.gs “文件定义 rainbow colors,
#  rec = write( funct_rb.gs, cld )
#  rec = close( funct_rb.gs )

    cattr = 'cld.gs' ;# 自定义画法 gs 文件。 缺省：为空，cattr=" 即由系统自己确定画法
endif

# 调用 radar 函数 1~N 次, 显示一张雷达数据 或雷达拼图   ######################
# 第一次调用：画雷达图 radar1
#radar( radar1, minlon,maxlon,minlat,maxlat, vdbz_s, cattr , ' 自定义 rainbow.gs' )
  radar( radar1, minlon,maxlon,minlat,maxlat, vdbz_s, cattr )

# 第二次调用：画雷达图 radar2
  radar( radar2, minlon,maxlon,minlat,maxlat, vdbz_s, cattr )
```

（续表）

```
############################################################################
# 标雷达站名或在图上标一些地名
 ' 标 RADAR 站名 .gs'


####################### Radar 图显示完毕 ###########################
 'set rbcols'     ;# 恢复系统缺省 rainbow 设置
 '!rm -f cld.gs' ;# 记住要删除前面定义的'自定义画法 gs 文件'


######################### 可选后续操作 #############################
if( 01 )
 'nfile all'
 ' 叠加天气形势 .gs'     ;# 运行自编显示形势场 gs 文件与 Radar 拼图叠加。
endif


####################### 输出图像后，结束 ###########################
'fprint'

 ;


######################### 可参考的画法说明 ###########################
# if( 0 )  ;# 方法 1 不等间隔填色, set clevs and set ccols              #
# # 将以下两行写入一个 gs 文件 ( 画法 .gs), 即构成一个"自定义画法 gs 文件"。再设
置：cattr =' 画法 .gs' 即可                                           #
#   cld = "'set clevs 0 5 10 15 20 25 30 40 45 50 60 65 70 75'"      ;# 设置 15 个等级  #
#   rec = write(cld.gs, cld)                                         #
#    cld = "'set ccols 81 82 83 84 85 86 87 88 89 90 91 92 93 94 95 96'"    ;# 此处 81~96
颜色号，由 set_rbcols() 定义                                          #
#   rec = write(cld.gs, cld, append)                                 #
#   ;# 还可以增加 如坐标标值等多种画法修饰。                            #
#   rec = close(cld.gs)                                              #
#   cattr = 'cld.gs'  ;# 自定义画法 gs 文件。缺省：为空, cattr=" 即由系统自己确定画法 #
# endif                                                              #
# if( 0 )  ;# 方法 2 不等间隔填色, set clevs and set rbcols            #
# # 设 clevs 等级时，颜色由先由 ccols 决定；再由 rbcols 的定义决定       #
# # 将以下两行写入一个 gs 文件 ( 画法 .gs), 即构成一个"自定义画法 gs 文件"。再设
置：cattr =' 画法 .gs' 即可                                           #
#   cld = "'set clevs  2.5 7.5 12.5 17.5 22.5 27.5 32.5 37.5 42.5 47.5 52.5 57.5 62.5 67.5 72.5 75' "  #
#   rec = write(cld.gs, cld)                                         #
```

（续表）

```
#    cld = '''set rbcols 81 82 83 84 85 86 87 88 89 90 91 92 93 94 95 96'''    ;# 此处 81~96 颜
色号，由 set_rbcols() 定义                                                        #
#    rec = write(cld.gs, cld, append)                                            #
#    rec = close( cld.gs )                                                       #
#                                                                                #
#    cattr = 'cld.gs'  ;# 自定义画法 gs 文件。 缺省：为空，cattr='' 即由系统自己确定画法 #
#                                                                                #
# # 'set clevs  2.5 5 7.5 10 12.5 15 17.5 20 22.5 25 27.5 30 32.5 35 37.5 40 42.5 45 47.5 50
52.5 55 57.5 60 62.5 65 67.5 70 72.5 75'                                         #
# # 'set clevs  2.5 5 7.5 10 12.5 15 17.5 20'                                    #
# # 'set rbcols 1 2 3 4 5 6 7 8 9 10 11 12 13 14 15' ;# 当 rbcols > 级数时 (5)，相当于挑出
下面 5 个等级。                                                                   #
# # 'set rbcols 2 5 8 11 14'                                                     #
# endif                                                                          #
# if( 0 )  ;# 方法 3  等间隔填色，等级和颜色的个数由 rbcols 的定义个数决定           #
# # 将以下一行写入一个 gs 文件 ( 画法 .gs)，即构成一个 "自定义画法 gs 文件"。再设
置：cattr=' 画法 .gs' 即可                                                        #
# #  cld = '''set cint  1.5'  ;  'set cmin 0''' ;# 等值线条数 > rbcols 颜色个数时，cint 不起
作用。                                                                           #
#   cld = '''set cint  4.0'  ;  'set cmin -15'''                                 #
#   rec = write(cld.gs, cld)                                                     #
#   rec = close( cld.gs )                                                        #
#    cattr = 'cld.gs'  ;# 自定义画法 gs 文件。 缺省：为空，cattr='' 即由系统自己确定画
法                                                                               #
# #  'set cint 'cint     ;# 等间隔量级，设或不设，即由系统决定间隔时，会按 rbcols 定
义的颜色个数分级，即会用到 rbcols 所有的颜色                                        #
# #                 ;# 当 cint 设置过小时，即等值条线 大于 rbcols 定义的颜色个数时，
cint 不起作用。                                                                  #
# # 'set ccolor rainbow'  ;# ccolor rainbow and ccolor revrain 不起作用？          #
# # 'set ccolor revrain'                                                         #
# endif                                                                          #
# if( 0 )  ;# 方法 4  等间隔填色，等级和颜色由 rbcols 的定义个数决定                 #
# #  cld = '''set cint  2.0'  ;  'set rbrange 0  70''' ;# 等值线条数 > rbcols 颜色个数时，
cint 不起作用。                                                                  #
#   cld = '''set cint  5.0'  ;  'set rbrange 0  70'''                            #
# # 'set cint  5'             ;# 等间隔量级，设或不设，即由系统决定间隔时，会按 rbcols
定义的颜色个数分级，即会用到 rbcols 所有的颜色                                      #
```

（续表）

```
# # 'set rbrange 0  50'      ;# 设置分级范围。如果范围 0 ～ 50，每间隔 2 分级个数 >
rbcols 颜色个数，cint 不起作用。                                              #
#    rec = write(cld.gs, cld)                                             #
#    rec = close( cld.gs )                                                #
# endif                                                                   #
##########################################################################
function radar(radar,minlon,maxlon,minlat,maxlat, var, cattr_gs, funct_rb_gs, cbar, grid)
##########################################################################
# radar : radar 数据文件名，可带路径                                        #
# minlon,maxlon,minlat,minlat : 经纬度范围                                 #
# var ： 要显示的变量名                                                     #
# clevs：定义等级列表，或用一个单值，定义等间隔 cint                          #
# range：等间隔画法时，定义要画变量的范围，下限～上限                         #
# cattr_gs：等值线画法定义 gs 文件。 缺省：为空，由系统定义                   #
# funct_rb_gs：rainbow 颜色定义函数名：缺省 :set_rbcols()                   #
#         也可自行编写颜色 rainbow 定义 gs 函数；                            #
# cbar：( 缺省 :) -1 右侧垂直画图例 ；1 底部水平画图例                        #
# grid：( 缺省 :) 1 不画经纬度网格 ；0 画经纬度网格                          #
# size：设置标记大小 ( 缺省 :) 0.05( 太小，造成不连续，太大，重叠太多 )       #
# _nn ： 内部计数器                                                        #
##########################################################################
………
```

叠加天气形势 .gs 文件清单

```
'open ../12_grib/grib1.ctl'
 minlon = 106  ；maxlon = 124
 minlat = 28   ；maxlat = 44
'set lon 'minlon' 'maxlon
'set lat 'minlat' 'maxlat
'set grid on'
'set xlab off' ；'set ylab off' ；* 不再标经纬度网格值
'set lev 700'
'd z'          ;#700hPa 高度场
'set lev  1000'
'set gxout stream'
'd u ; v ; t'

;
```

标 RADAR 站名 .gs 文件清单

```
# 标注 地名 + 经纬度 ... 列表
stn = ' 北京 116.47 39.80  合肥 117.25  31.86'
while( 3 )
    name = subwrd(stn,1)  ；  lon = subwrd(stn,2)  ；  lat = subwrd(stn,3)
    if( name ='' )；break；endif
    col = 2  ；# 字串颜色
    point( lon , lat, name , radar, 2 )
    'subwd 'stn'(4:)'  ；  stn=result  ；# say 'name='name' lon='lon' lat='lat' 'result
Endwhile
function point(lon, lat, str, radar_txt, col)
####################################################
# 读雷达 txt 文件的经纬度，画经纬度点标记 圆点标记
# 或在给定经纬度点写字串
# radar_txt : 雷达 txt 文件 , 格式如下 :
# LNG(°   )     LAT(°   )     V(dBZ)
# 117.262834     31.875002         N/A
# .....
# lon/lat : 经纬度
# str    : 字串，可以是中文
####################################################
    'set font 13 file C:\Windows\Fonts\STXINGKA.TTF'
    'set font 0'
```

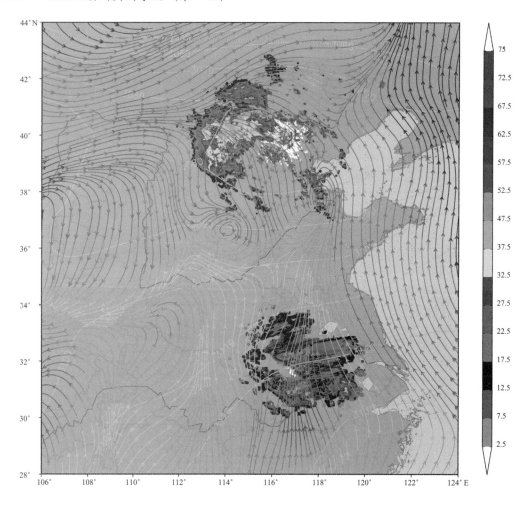

4.12 集合预报

gfsens.2013121100.ctl 文件清单

```
#dset http://monsoondata.org:9090/dods/gfsens/gfsens.2013121100
dset gfsens.2013121100.dat
title NCEP 5D Ensemble Forecast Initialized 00z11dec2013 6-hourly out to 192 hours
undef -9.99e+33
xdef 360   linear     0  1
ydef 181   linear  -90  1
zdef 1     linear  500  1
tdef 33    linear 00Z11DEC2013 360mn
edef 22
avg   33    00Z11DEC2013    集合平均
c00   33    00Z11DEC2013    控制预报
```

（续表）

```
p01   33   00Z11DEC2013        集合成员 1
p02   33   00Z11DEC2013        集合成员 2
p03   33   00Z11DEC2013        ………
p04   33   00Z11DEC2013
p05   33   00Z11DEC2013
p06   33   00Z11DEC2013
p07   33   00Z11DEC2013
p08   33   00Z11DEC2013
p09   33   00Z11DEC2013
p10   33   00Z11DEC2013
p11   33   00Z11DEC2013
p12   33   00Z11DEC2013
p13   33   00Z11DEC2013
p14   33   00Z11DEC2013
p15   33   00Z11DEC2013
p16   33   00Z11DEC2013
p17   33   00Z11DEC2013
p18   33   00Z11DEC2013
p19   33   00Z11DEC2013
p20   33   00Z11DEC2013
endedef
vars  1
z  10  e,t,z,y,x  geopotential height [gpm]
endvars
```

gfsensemble.gs 文件清单

```
reinit
whitebackground
#'sdfopen http://monsoondata.org:9090/dods/gfsens/gfsens.2013121100'
# 集合预报数据可以通过 opendap 功能从网上的 GrADS 数据服务器上直接下载，但速
度会很慢。
'sdfopen gfsens.2013121100.nc'   ;* 只下载以上文件中的一个要素（500hPa 高度 zh）
' set imprun default.gs'
' set lon   0'
' set lat -90'
' set lon  -60'
' set lat   45'
```

（续表）

```
' set lev 500'
#' set t 0.5 33.5'
' set t 1 33'
' set e 1'
'set line 1 1 1'
'set xlopts 1 1'
var = z
#var = zh
# plot a single line with 500 hPa heights at 45N:
' set vpage  0 5.5 5.0 8.5'
' set parea 1 9.7 2.5 6'
' set tlsupp year'
' set cmark 0'
' set vrange 4950 5600'
' set ylint 100'
' set xlabs 11|12|13|14|15|16|17|18|19DEC2013'
  'set xlopts 1 1'  ；'set ylopts 1 1'
' d  'var
# The folowing script plots the other members:
e=2
cols='2 3 4 5 6 8 9 10 11 12 13 14 2 3 4 5 6  8 9 10 11 12 13 14 2 3 4 5 6 7 8 9 10 11 12 13 14 '
*while (e<=21)
while (e<=22)
   'set  e  'e
   c=subwrd(cols,e)
   'set ccolor 'c
   'set cmark 0'
   'set xlab off'  ；'set ylab off'
   'd 'var
   e=e+1
endwhile
'draw title lat:45 lon:-60  500hPa'
'set xlab on'  ；'set ylab on'
# 11111111111111111111111111111111111111111111111111111111111111 #
# 22222222222222222222222222222222222222222222222222222222222222 #
# draw all 21 members as shaded boxes
' set vpage 0 5.5 2.6  6.1'
```

（续表）

```
'set gxout grfill'
#'set t 0.5 33.5'
'set t 1 33'
'set e 0.5 22.5'
'set clevs  5100 5150 5200 5250 5300 5350 5400 5450 '
'set ccols 14  4   11  5   3   7   12  8   2   '
'set tlsupp year'  ; * 'q dim'  ; say result
'set gridln off'
'set xlabs 11|12|13|14|15|16|17|18|19DEC2013'
'd 'var
'cbarn 0.8 0'
'draw title lat:45 lon:-60  500hPa'


# 333333333333333333333333333333333333333333333333333333333333333333 #
# draw box-and-whiskers plots

* Calculate the ensemble mean
* ----------------------------------
  'set e 1'
  'set t 1 last'
  'define ensmean=ave('var',e=1,e=21)'


* Calculate the variance
* ----------------------------
  diffsq = 'pow('var'-ensmean,2)'
  variance = 'ave('diffsq',e=1,e=21)'
  'define stddev=sqrt('variance')'


* Calculate the min/max
* -----------------------------
  'define ensmin=tloop(min('var',e=1,e=21))'
  'define ensmax=tloop(max('var',e=1,e=21))'


* Plot the results
* ------------------
  'set vpage  0 5.5 0  3.0'
  'set_parea * * -1.0 -1.0'
```

```
# 'set t 0.5 33.5'
  'set t 1 33'
  'set vrange 4950 5600'
  'set ylint 100'
  'set tlsupp year'

* Draw error bars for min/max
* ---------------------------------
  'set gxout errbar'
  'set ccolor 4'
  'set xlabs 11|12|13|14|15|16|17|18|19DEC2013'
  'set bargap 70'  ; * 两端"水平线"长度
  'd ensmin ; ensmax'

* Draw bars for +/- standard deviation
* ------------------------------------------
  plus  = '(ensmean+stddev)'
  minus = '(ensmean-stddev)'
  'set gxout bar'
  'set bargap 50'
  'set baropts outline'
  'set ccolor 3'
  'set xlab off'  ;  'set ylab off'
  'd 'minus' ; plus

* Draw line for Ensemble mean
* --------------------------
  'set gxout line'
  'set cmark 0'
  'set cthick 6'
  'set digsiz 0.05'
  'set ccolor 2'
  'd ensmean'
# 'set e 1'  ;  'd z'
  'draw title box-and-whiskers plots'
'set xlab on'  ;  'set ylab on'
# 4444444444444444444444444444444444444  #
```

（续表）

```
*---------------------------------------------------------------
xd =2.5 ; yd = 2.75 ; x0 = 5.5 ; y0 = 0  ; kk = 0
y1 = y0  ; x1 = x0
td = 8 ; t0 =9
while( kk < 4 )
  if( kk = 0  |  kk = 2 ) ; x1 = x0        ; endif
  if( kk = 1  |  kk = 3 ) ; x1 = x0+xd     ; endif
  if( kk = 0  |  kk = 1 ) ; y1 = y0+yd     ; endif
  if( kk = 2  |  kk = 3 ) ; y1 = y0        ; endif
  x2 = x1 + xd
  y2 = y1 + yd

  ' set vpage  'x1' 'x2' 'y1' 'y2
  ' set gxout contour'
  ' set mproj nps'
  ' set parea off'
  ' set lon   -180 180'
  ' set lat     0  90'
  ' set lev 500'
  ' set t  't0
  e=1
  cols='2 3 4 5 6 8 9 10 11 12 13 14 2 3 4 5 6  8 9 10 11  12 13 14 2 3 4 5 6 7 8 9 10 11 12 13
14 2 3 4 5 6 '
  while (e<=22)
    'set e 'e
    c=subwrd(cols,e)
    'set ccolor 'c
    'set cint 8'
    'set clevs  568'
    if( e > 1 ) ; 'set grid off'  ; endif
    'd 'var'/10'
    e=e+1
  endwhile
  'set grid on'
  'lab_latlon'
  'q time'  ; wd =subwrd(result,3 )
  'draw title 'wd' '568
```

（续表）

```
    t0 = t0 + td
    kk = kk + 1
    endwhile

    #'fprint tmp.pdf'
    #'fprint tmp.eps'

    ；
```

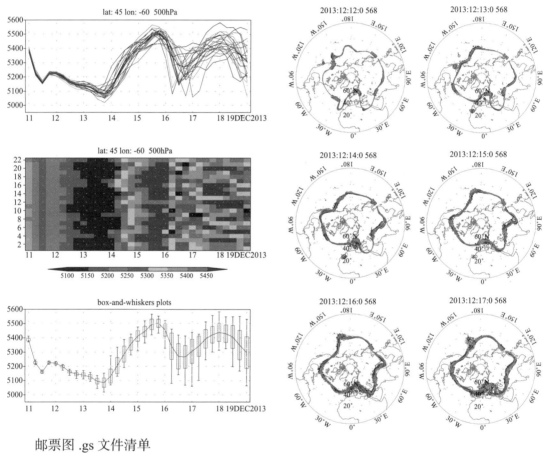

邮票图 .gs 文件清单

```
reinit
whitebackground
# Stamp Maps
#'sdfopen http://monsoondata.org:9090/dods/gfsens/gfsens.2013121100'
'sdfopen gfsens.2013121100.nc'    ；* 只下载以上文件中的一个要素（500hPa 高度 z）

' set imprun default.gs'
```

```
' set t  20'  ; # 五天预报
' set lev 500'
' set lon   20 180'
' set lat   0  90'
' set mproj nps'
' set mpvals 70  130  20 70'
' set mpt * 15 1 1'
' set annot 1 1'
var = 'z/10'
maps( var )
 ;
function maps(var)
xx=0.2  ；  yy=0.2   ; # 偏移
dx = 2.3 ; dy = 1.85
x0 =0.10 ；y0 = 8.5-dy ;
x1 = x0 ; x2 = x1 + dx ; y1 = y0 ; y2 = y1 + dy


# 第一行：集合平均
  'set vpage  'x1' 'x2' 'y1' 'y2
#'set parea  1  9  0.75  7.75'
  'set ylpos 0 l'  ；  'set xlpos 0 t'   ; # 只标左 & 上
  'set e 1'
  'd 'var
  'draw title mean of all members'
# 第一行：控制预报
   x1 = x2-xx ；x2 = x1 + dx ；y1 = y0 ；y2 = y1 + dy
  'set vpage  'x1' 'x2' 'y1' 'y2
#'set parea  1  9  0.75  7.75'
  'set ylpos 0 r'  ；  'set xlpos 0 t'   ; # 只标右 & 上
  'set e 2'
  'd 'var
  'draw title 5th days control forecast'


e = 2
x1 = x0 ; x2 = x1 + dx ; y0 = y0 -dy+yy ；y1 = y0  ；y2 = y1 + dy
while (e < 22)
```

（续表）

```
    'set vpage  'x1' 'x2' 'y1' 'y2
 # 'set parea  1  9  0.75  7.75'
    x1 = x2-xx ; x2 = x1 + dx ; y1 = y0 ; y2 = y1 + dy
    if( x1 > 4.4*dx ) ; x1 = x0 ; x2 = x1 + dx ; y0 = y0 - dy+yy ; y1 = y0 ; y2 = y1 + dy ;
 endif ; #say 'x1==='x1 ;
   e = e + 1
   'set e 'e
   'set cint 8'
   mm = e -2
   'set ylab off'  ;  'set xlab off'
   if( mm = 1 | mm = 6 | mm =11 )
    'set ylab on'   ;  'set xlab off'
    'set ylpos 0 l'  ; # 只标左
   endif
   if( mm = 5 | mm = 10 | mm =15 )
    'set ylab on'   ;  'set xlab off'
    'set ylpos 0 r'  ; # 只标右
   endif
   if( mm = 16 )
    'set ylab on'   ;  'set xlab on'
    'set ylpos 0 l'  ;  'set xlpos 0 b'  ; # 只标左 & 下
   endif
   if( mm > 16 )
    'set ylab off'   ;  'set xlab on'
    'set xlpos 0 b'  ; # 只标下
   endif
   if( mm = 20 )
    'set ylab on '  ;  'set xlab on'
    'set xlpos 0 b'  ;  'set ylpos 0 r'  ; # 只标下 & 右
   endif

   'd 'var
   'draw title  forecast member 'mm
 endwhile

#'fprint tmp.eps'
'fprint 邮票图 .png'
  ;
```

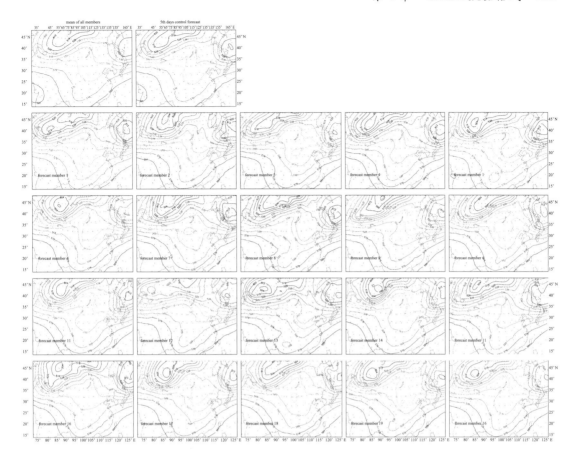

4.13　用单一数据描述文件控制多时段数据的方法

Test1.ctl

```
# 利用 Templates 功能，演示用单一一个 ctl 文件控制多个不同时段的 *.dat 数据文件。
# 这里 model.*.dat 都是拷贝自 model.le.dat，因此都是代表一个"多层、多变量、5 天
的数据"，即每个文件中有 5 组数据。


# 在此将它们赋予新的时间段从而组成一个"用 3 个文件分别存储的 3 天的数据"( 每
个文件中只有其中第一天的数据能用到 )。


#  model.%y4%m2%d2.dat 将根据时间指向 model.19870127.dat/model.19870128.dat/
model.19870129.dat。
# 'model.' 和 '.dat' 文件名中固有的字符串 ( 可以不带固有字符，即文件完全可以按 '
年月日 ' 区分开来 )，'^': 表示文件在 ctl 文件所在目录下。
# %y4: 将被动态替换为年（4 位）；%m2：月（2 位）；%d2：日（2 位）
```

（续表）

```
DSET  ^model.%y4%m2%d2.dat
options little_endian template
# options 中添加 template 属性


UNDEF  -2.56E33
TITLE 15 Days of Sample Model Output
XDEF 72 LINEAR  0.0 5.0
YDEF 46 LINEAR  -90.0 4.0
ZDEF 7 LEVELS 1000 850 700 500 300 200 100


TDEF 3 LINEAR 0Z27JAN1987 1DY
# 时间间隔以 1 天为单位，set t 1 时对于读：model.19870127.dat，set t 2 时读；
model.19870128.dat，set t 3 时读；model.19870129.dat
# 每个数据文件只读第一组数据，其他 4 组数据无法使用。


vars 8
ps    0    99          Surface Pressure
u     7    99          U Winds
v     7    99          V Winds
z     7    99          Geopotential Heights
t     7    99          Temperature
q     5    99          Specific Humidity
ts    0    99          Surface Temperature
p     0    99          Precipitation
ENDVARS
```

test1.gs

```
whitebackground
'open  test1.ctl'
'set imprun default.gs'


'set lev 500'


'set vpage 0 3.5 0 5'
'set t 1'    ;# 每次 set t 命令都要重新计算 ctl 文件中 DSET 中 %y4 %m2 %d2 的值，以
确定打开文件的名称。
'd z'
```

（续表）

```
'q time' ; say result


'set vpage 3.5 7 0 5'
'set t 2'
'd z'
'q time' ; say result


'set vpage 7 10.5 0 5'
'set t 3'
'd z'
'q time' ; say result
```

　Test2.ctl

```
# 利用 Templates 功能，演示用一个 ctl 文件控制多个不同时段的 *.dat 数据文件。
# 这里 model.*.dat 都是拷贝自 model.le.dat，因此都是代表一个"多层、多变量、5 天
的数据"。
# 在此将它们赋予新的时间段从而组成一个"用 3 个文件分别存储的 15 天的数据"。
# options 中添加 template 属性

#  15 天数据分别在：model.19870127.dat，87 年 1 月 27 ~ 31；model.19870201.dat，
87 年 2 月 1 ~ 5；model.19870206.dat，87 年 2 月 6 ~ 10 。
#  model.%y4%m2%d2.dat 将根据时间指向 model.19870127.dat/model.19870201.dat/
model.19870206.dat。
# 'model.' 和 '.dat' 文件名中固有的字符串。( 可以不带固有字符，即文件完全可以按 '
年月日 ' 区分开来 )，'^': 表示文件在 ctl 文件所在目录下。


DSET  ^%ch
CHSUB 1    5   model.19870127.dat     ; # 时间从 1 ~ 5 时，ch=model.19870127.dat
CHSUB 6   10   model.19870201.dat     ; # 时间从 6 ~ 10 时，ch=model.19870201.dat
CHSUB 11 15   model.19870206.dat     ; # 时间从 11 ~ 15 时，ch=model.19870206.dat


options little_endian template


UNDEF  -2.56E33
TITLE 15 Days of Sample Model Output
XDEF 72 LINEAR  0.0 5.0
YDEF 46 LINEAR  -90.0 4.0
```

（续表）

```
ZDEF 7 LEVELS 1000 850 700 500 300 200 100

TDEF 15 LINEAR 27JAN1987 1DY

vars 8
ps    0    99          Surface Pressure
u     7    99          U Winds
v     7    99          V Winds
z     7    99          Geopotential Heights
t     7    99          Temperature
q     5    99          Specific Humidity
ts    0    99          Surface Temperature
p     0    99          Precipitation
ENDVARS
```

Test3.ctl

```
#  利用 Templates 功能，演示用一个 ctl 文件控制多个不同时段的 *.dat 数据文件。
#  这里 model.*.dat 都是拷贝自 model.le.dat，因此都是代表一个"多层、多变量、5 天
的数据"。
#  在此将它们赋予新的时间段从而组成一个"用 3 个文件分别存储的 15 天的数据"。
#  options 中添加 template 属性。

#  15 天数据分别在：model.19870127.dat，1987 年 1 月 27 ~ 31；model.19870201.
dat，1987 年 2 月 1 ~ 5；model.19870206.dat，1987 年 2 月 6 ~ 10。
#  model.%y4%m2%d2.dat 将根据时间指向 model.19870127.dat/model.19870201.dat/
model.19870206.dat。
#  'model.' 和 '.dat' 文件名中固有的字符串 ( 可以不带固有字符，即文件完全可以按 '
年月日 ' 区分开来 )，'^': 表示文件在 ctl 文件所在目录下。

DSET  ^model.%ch.dat
CHSUB 1   5   19870127     ;# 时间从 1 ~ 5 时，ch=19870127
CHSUB 6   10  19870201     ;# 时间从 6 ~ 10 时，ch=19870201
CHSUB 11 15  19870206     ;# 时间从 11 ~ 15 时，ch=19870206

options little_endian template

UNDEF  -2.56E33
```

（续表）

```
TITLE 15 Days of Sample Model Output
XDEF 72 LINEAR  0.0 5.0
YDEF 46 LINEAR  -90.0 4.0
ZDEF 7 LEVELS 1000 850 700 500 300 200 100


TDEF 15 LINEAR 27JAN1987 1DY


vars 8
ps    0    99        Surface Pressure
u     7    99        U Winds
v     7    99        V Winds
z     7    99        Geopotential Heights
t     7    99        Temperature
q     5    99        Specific Humidity
ts    0    99        Surface Temperature
p     0    99        Precipitation
ENDVARS
```

Test2.gs

```
whitebackground
#'open  test2.ctl'
  'open  test3.ctl'          ;＃第二种 %ch 字串使用方式。
'set imprun default.gs'


'set lev 500'


'set vpage 0 3.5 0 5'
'set t 1'
say ch
'd z'
'q time' ；say result


'set vpage 3.5 7 0 5'
'set t 8'
'd z'
'q time' ；say result
```

（续表）

```
'set vpage 7 10.5 0 5'
'set t 15'
'd z'
'q time' ；say result
```

Test4.ctl

```
# 利用 Templates 功能，演示用一个 ctl 文件控制多个不同时段的 *.dat 数据文件。
# 这里 model.*.dat 都是拷贝自 model.le.dat，因此都是代表一个"多层、多变量、5 天
的数据"。

# 在此将它们赋予新的时间段从而组成一个"用 3 个文件分别存储的 3 天的数据"。
# 每天的数据中含 0 6 12 18 共 4 个时次的数据，3 天共 12 个时次。
# （把每个文件中 5 天的数据看成 5 个时次的数据，其中每个文件"最后一个时次"
的数据无法用到）


# model.%y4%m2%d2.dat 将根据时间指向 model.19870127.dat/model.19870128.dat/
model.19870129.dat。
# 'model.' 和 '.dat' 文件名中固有的字符串（可以不带固有字符，即文件完全可以按'
年月日' 区分开来），'^': 表示文件在 ctl 文件所在目录下。
# %y4: 将被动态替换为年（4 位）；%m2：月（2 位）；%d2：日（2 位）；%mc: 月（3
个字符表示）。


 DSET  ^model.%y4%m2%d2.dat
#DSET  ^model.%y4%mc%d2.dat
options little_endian template
* options 中添加 template 属性

UNDEF  -2.56E33
TITLE   15  Days of Sample Model Output
XDEF  72   LINEAR  0.0 5.0
YDEF  46   LINEAR  -90.0 4.0
ZDEF    7   LEVELS 1000 850 700 500 300 200 100


 TDEF 12 LINEAR 0Z27Jan1987 6hr
#TDEF 12 LINEAR 0Z01FEB1987 6hr
# 3 天数据分别在：model.1987FEB01.dat，87 年 1 月 27 ；model.1987FEB02.dat，1 月
```

（续表）

28；model.1987FEB03.dat
每个数据文件有 4 个时次的数据，共 12 个时次。

vars 8

ps	0	99	Surface Pressure
u	7	99	U Winds
v	7	99	V Winds
z	7	99	Geopotential Heights
t	7	99	Temperature
q	5	99	Specific Humidity
ts	0	99	Surface Temperature
p	0	99	Precipitation

ENDVARS

Test4.gs

```
whitebackground
'open  test4.ctl'
'set imprun default.gs'

'set lev 500'

'set vpage 0 3. 5  0  5'
'set t 3'
'd z'
'q time' ; say result

'set vpage 3. 5  7  0  5'
'set t 9'
'd z'
'q time' ; say result

'set vpage 7  10. 5  0  5'
'set t 12'
'd z'
'q time' ; say result
```

第5章 图形的后处理

对于 GrADS 绘制好的图形许多时候还需再处理加工，如图形剪裁、放大缩小、添加文字说明、做标记符号等。一种方式是采用 Photoshop 等各种图形界面的图形加工软件处理。优点是通用直观。第二种方式是采用命令行方式，如 ImageMagicK 图像处理工具包，优点是可以批处理，特别是此种方式与 GrADS 的工作方式——批处理方式最为接近。因此这里重点介绍用 ImageMagicK 处理图像的技术。

ImageMagicK 历史悠久，是一款免费的功能非常强大的图形、图像处理工具包，现在许多软件都是基于 ImagcMagicK 功能之上再开发的图形界面。它在 Windows 和 Unix 平台上都可以使用，在许多 Unix 平台上它早已作为系统缺省工具包安装在 Unix 系统中。其用法可以参考 http://www.ImageMagicK.org/Usage/ 或上网搜索各种中英文的使用说明和案例等，在网上你能发现 ImageMagicK 许多有意思的应用。在 DOS 命令提示符下运行 convert 即可显示它的帮助信息。这里只是简单说明其制作动画、图形透明／非透明叠加的技巧。透明叠加时可以把图中某种颜色转为透明色，如图中的白色背景，然后再与其他图叠加。从网上下载 ImageMagicK 的安装包，分 32 位和 64 位版，安装 ImageMagicK 软件要注意，XP 本身有一个叫 convert 的命令，它是作硬盘格式转换的。另外 cygwin 和 GrADS 可能都含有这个 convert 命令，但它们的版本可能比你从网上直接下载的 Image MagicK 版本旧，关键是你要用哪个。因此在修改系统 path 参数时（见第一章）把 win32 目录放在了最后，那执行 convert 命令时，系统可能先找到的是 xp 的 convert 命令，而不是 .. /win32/convert 命令。因此，在设置 path 时要按照：Image MagicK 设置在最前，第二设置 cygwin，第三设置 GrADS 的次序（这三者不一定要紧挨着）。这样才能保证系统执行 ImageMagicK 中的 convert 命令。Path 设置举例：

Path=… ; c:\program files\ImageMagicK-6.3.7-q16 ； … ; c:\cygwin\bin ；   … ; c:\pcgrads\bin2.0.1 ; …

其实这 3 个地方的 ImageMagicK 命令你都可以使用，后面我们专门有例子说明 ImageMagicK-6.3.7 和 ImageMagicK-6.7.4 新旧版本，与 cygwin 中的 ImageMagicK 命令在写中文字串时的一些差别。

Cygwin 自带 ImageMagicK，在 Windows 中和 cygwin 中运行 ImageMagicK 差别不大，只不过在 Windows 下你是要在 DOS 命令行窗口运行 *.bat 的批处理命令，而 cygwin 下，你是要在 Xterm 窗口下运行 shell 批处理命令脚本。

5.1 制作gif动画——animate.gs

```
'open  model.ctl'
'set imprun default.gs'
'open model.ctl'
'set imprun default.gs'
'set lev 500'
t = 1
while( t < 6 )
 'set t ' t
 'd z'              ;* 画 500hPa 高度
 'draw title 't' day'
 'printim md0't'.gif gif white x500 y300'   ;*convert 命令只能生成 gif 动画
  t = t + 1
 'clear'
endwhile
'!convert -loop 50 -delay 50 md*.gif ant.gif'    ;* 将所有 md*.gif 图片制成动画 ant.gif 文
件，要求所有 md*.gif 图片规格必须一摸一样。
'!convert -loop 20 -delay 100 md01.gif -page +50+50 md02.gif -page +100+100 md03.gif
-page +150+150 md04.gif ant1.gif'
'!convert md01.gif -page +50+50 md02.gif -page +100+100 md03.gif -page +150+150 md04.
gif ant2.gif'
'!rm md*.gif'
 ;
```

—loop 50 循环 50 次 ；

—delay 50 每次循环间隔 50 个单位，数字越大循环越慢。

5.2 制作透明底图与其他图叠加

$ > convert -transparent white tmp.png tmp1.gif

第一步：tmp.gif 图中的白色转成透明色，结果存于 tmp1.gif。

$ > convert –composite tmp0.gif tmp1.gif tmp2.gif

第二步：tmp0.gif 与 tmp1.gif 叠加，结果存于 tmp2.gif。

或将以上两步合二为一

$ > convert tmp2.gif（maps4.gif -transparent white) -gravity center -composite tmp4.gif

maps4.gif 变为透明底然后与 tmp2.gif 叠加，结果存于 tmp4.gif，只有 gif 文件能存为透明色。

5.2　图片格式转换

ImageMack 支持 80 多种图片格式，一般可以通过文件后缀自动识别图像格式。

$ > convert tmp.gif tmp.jpg　将 gif 格式转为 jpg 格式

$ > convert tmp.jpg tmp.pdf　将 jpg 格式转为 pdf 格式

批量图片格式转换：

mogrify -path newdir -format png *.gif

将当前目录下的所有 gif 文件转换为 png 格式，并将其存放在 newdir 目录下。

5.3　将多幅图写在同一文件中

$ > convert tmp1.png tmp2.gif tmp3.jpg tmp.gif

将 3 幅不同格式的图片都转成 gif 格式后，写到同一文件中（分 3 页，只有 gif 格式可以分多页保存）

5.4　剪裁

$ > convert -crop 300x400+100+100 tmp.gif tmp.jpg

图形裁剪——从一个图片截取一个指定区域的子图片

Dos>convert -crop widthxheight+x+y tmp.gif tmp.jpg

width=300　子图片像素宽度

height=400 子图片像素高度

(x,y) 裁剪区域的起点。坐标定义为：**x 坐标从左到右增加，y 坐标从上到下增加。**

上例裁剪出大小为 300×400 点大小的图片，位置从左往右，到水平 100 点开始再向右 300 各点；垂直从上往下，到垂直 100 像素点开始再往下 400 点裁剪图片。

5.5　剪裁白边

$ >convert tmp2.gif -trim +repage tmp.jpg

-trim +repage 自动切除白边，trim 与 crop 的不同，trim 自动，刚好或略显太狠；而 crop 要设置，可保留部分白边。

5.6　放大缩小

$ > convert -resize 300x400 tmp.gif tmp.jpg

放大到 300×400 像素大小的图片。

$ > convert -resize 50%x40% tmp.gif tmp.jpg

按比率放大缩小图片，这也意味着图形可能变形（垂直与水平缩放比例不一样）。

以上两种方式产生的图片可能并不会是你设定的尺寸，因为变换首先是会保持原图片的水平与垂直比例，即不变形。因此实际大小可能不是 300×400（50%，40%）的尺寸。

下面命令可以产生指定尺寸，但会产生变形。

$ > convert -resize 300x400 ！ tmp.gif tmp.jpg

5.7　旋转平移

$ > convert -rotate 90 tmp.gif tmp.jpg

顺时针旋转 90 度。

旋转

---

convert maps2.gif -background blue -rotate 30 tmp17.gif &::# 长方形图形旋转后图片变大，多出部分被填蓝色。

convert maps2.gif -background none -rotate 30 tmp17e.gif &::# 长方形图形旋转后图片变大，多出部分无色透明。

平移

::##平移 maps1.gif：300×200 像素(原点：左上)，向右平移150；向下平移100像素。

-draw "image over 150,100（起点）宽，高

::## 先画一个（300+150×200+100）蓝色背景，将 maps4.gif 叠加在之上，产生一个 450×300 像素的图片。

::convert -size 450×300 xc:skyblue -draw "image over 150,100 250,150 maps4.gif" tmp17c.gif

convert -size 450×300 xc:skyblue -draw "image over 150,100 0,0 maps1.gif" tmp17c.gif

---

5.8　改变颜色

反色

$ > convert -negate tmp.gif tmp.jpg

变成黑白单色：

$ > convert -monochrome tmp.gif tmp.jpg

改变颜色

---

convert maps2.gif -background white -alpha shape -background Blue -flatten tmp17a.gif

convert maps2.gif +level-colors red, tmp17b.gif &:: 去除图片中的红色

convert maps2.gif -fill blue -opaque white tmp17f.gif &:: 将白色替换填为 blue 颜色

关于颜色

convert -list color　命令列出所有可直接使用的颜色英文名。

颜色可以：1）按名称使用，如 red；2）RGB(148,224,255) 或 RGBA(255,255,255,1.0)，前 3 位代表红绿蓝（RGB）的值，A 代表透明度 alpha=1.0（不透明）～ 0.0（透明）；3)6 位 16 进制值表示：#96F84C；或 8 位,#00FF0000(不透明的碌)～ #00FF00FF(透明)用 xnview-> 查看 -> 显示颜色信息　获得颜色值

关于字体

convert -list font > fonts.txt　fonts.txt 文件中列出了所有可用字体

在 -font 参数后给出字体名称，如"-font Albertus-Extra-Bold"

或 -font c:\Windows\fonts\albr85w.ttf

关于坐标

-gravity 参数给出坐标原点定义，包括 NorthWest（缺省），North, NorthEast, West, Center, East, SouthWest, South, SouthEast，x 坐标从左到右增加，y 坐标从上到下增加

5.9　基本绘图

ImageMagicK.bat 文件清单

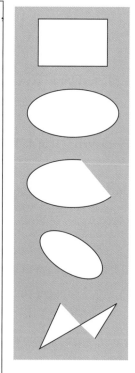

```
:: 在一块 100×60 大小的天蓝色画布上，画一个白底黑边的长方形，
起点为 (20,10)，终点为 (80,50)。
convert -size 100×60 xc:skyblue -fill white -stroke black
   -draw "rectangle 20,10 80,50" draw_rect.gif
360 度的椭圆：
convert -size 100×60 xc:skyblue -fill white -stroke black
    -draw "ellipse 50,30 40,20 0,360" draw_ellipse.gif


270 度的椭圆
convert -size 100×60 xc:skyblue -fill white -stroke black
   -draw "ellipse 50,30 40,20 45,270" draw_ellipse_partial.gif
旋转椭圆
convert -size 100x60 xc:skyblue -fill white -stroke black -draw "push
graphic-context translate 50,30 rotate 30 fill white stroke black ellipse
0,0 30,15 0,360 pop graphic-context" ellipse_rotated.gif
多边形
convert -size 100×60 xc:skyblue -fill white -stroke black
   -draw "polyline 40,10 20,50 90,10 70,40" draw_polyline.gif
```

（续表）

　　在上图上画圆

convert draw_polyline.gif -stroke black -draw "fill green circle

　　40,10 37,7 fill blue circle 20,50 17,47 fill red circle 90,10 87,7

　　fill yellow circle 70,40 67,37" draw_polyline1.gif

直线

convert -size 100×60 xc:skyblue -stroke black -strokewidth 2 -draw

"line 20,10 80,38" draw_line.gif

圆角的矩形

convert -size 100×60 xc:skyblue -fill white -stroke black -draw

"roundrectangle 20,10 80,50 20,15" draw_rrect.gif

写字

convert -size 100×60 xc:skyblue -fill white -stroke black -font Albertus-Extra

　-Bold -pointsize 40 -gravity center -draw "text 0,0 Hello" draw_text.gif

convert -size 100×60 xc:skyblue -fill white -stroke black -font c:\Windows\fonts

\albr85w.ttf -pointsize 40 -gravity center -draw "text 0,0 Hello" draw_text1.gif

样条曲线

convert -size 100×60 xc:skyblue -fill white -stroke black -draw

"bezier 40,10 20,50 90,10 70,40" draw_bezier.gif

加天蓝色背景

:: tmp2.gif 尺寸 800×618，draw_image.gif 这个图 861×707 点阵大小。

convert -size 861×707 xc:skyblue -gravity center -draw "image over

　0,0 0,0 'tmp2.gif'" draw_image.gif

:: 波状变形

convert maps2.gif -background Blue -wave 60×800 wave.gif

限定宽度，不限定高度写字串：

:: 用 caption 写字，设置：-size 100x，指定宽度，但高度不限 '\n' 起换行

作用。

:: -gravity Center 字串每行居中。如果不给定 -pointsize 40 并且给定 -size

100×60 自动填满 100×60

convert -background skyblue -fill blue -font SimHei -size 100×60 caption:

"text-utf-8.mvg asnd he dwedwd w 洒洒水 sdewdew weed" caption2.gif

带圆角框 + 三角箭头的说明框：

:: 带箭头的圆角标注文字框 ---

:: 圆角矩形

convert -size 200x100 xc:none -fill none -stroke black -strokewidth 2 %^

（续表）

```
-draw "fill Skyblue roundrectangle 2,2 198,98  15,15" caption1.gif
::  在比圆角矩形小一点的矩形写字
convert -size 190x90 -background none -font SimHei -fill red %^
   -gravity Center  caption:@text-utf-8.mvg  caption2.gif
:: 叠加
convert caption1.gif caption2.gif -gravity center  -composite  caption1.gif
:: 画三角箭头
convert -size 220x150 xc:WHITE -stroke black -strokewidth 2 %^
-draw "fill Skyblue polyline 60,98 1,150 1,150 80,98 " caption3.gif
::-draw "stroke BLACK line 60,98 1,150 line 1,150 80,98 stroke skyblue line 60 100 80 100"
caption3.gif
:: 箭头与圆角矩形框叠加
convert caption3.gif -transparent white -draw "image over 20,0 0,0 'caption1.gif'" caption2.
gif
```

画箭头

```
set arrow_head1=path 'M 0,0  l -15,-5  +5,+5  -5,+5  +15,-5 z'    &:: 实心箭头：15 点阵长，
10 点阵宽，scale 2，1：长度扩大一倍，宽度不变。
set arrow_head2=path 'M 0,0  l -15,-5 M +0,+0 l -15,+5 z'        &:: 空心箭头：15 点阵长，
10 点阵宽，scale 2，1：长度扩大一倍，宽度不变。
convert maps3.gif -stroke black -strokewidth 2 -draw "line 230,225  280,170" %^
-strokewidth 1 -draw  "stroke blue fill skyblue translate 280,170 rotate -46.7 scale 2,1
%arrow_head1%" %^
-stroke black -strokewidth 2 -draw "line 360,200  330,238" %^
-strokewidth 1 -draw  "stroke blue  translate 330,238 rotate 128 scale 2,1 %arrow_head2%"
tmp17d.gif
```

5.10 写中文字符串

hz.bat，hz.sh，hz.gs，——从文件中读取中文再写到图片上。
hz.bat 文件清单——用于 Windows 命令行。

```
:: 只能用 Windows 版的 convert v6.3.7 v6.7.4 写中文  不能用 cygwin 的 convert（v6.4.*）
::convert tmp2.gif -font SimHei  -fill red -pointsize 44 -draw @text-utf-8.mvg    tmp5a.gif
&::# 无头尾的 "\" 只显示"
::convert tmp2.gif -font SimHei  -fill red -pointsize 44 -annotate 20x20+59+230 @text-utf-8.
mvg    tmp5b.gif   &::# 所有字符照原样输出
```

（续表）

```
::convert tmp2.gif -font /cygdrive/c/Windows/fonts/SimHei.ttf  -fill red -pointsize 44 -draw
@text-utf-8.mvg   tmp5a.gif  &::# 字库路径非法
convert tmp2.gif -font c:/Windows/fonts/SimHei.ttf -fill red -pointsize 44 -draw @text-utf-8.
mvg   tmp5a.gif  &::# 无头尾的 " \" 只显示"
convert tmp2.gif -font c:/Windows/Fonts/SimHei.ttf  -fill red -pointsize 44 -annotate
20x20+59+230 @text-utf-8.mvg   tmp5b.gif   &::# 所有字符照原样输出


::bash hz.sh    &:: Windows 和 cygwin 的都能用
```

　　hz.sh 文件清单—在 Windows 命令行用"bash hz.sh"执行。

```
#!/usr/bin/bash
#  save as 'Unix format'  用 cygwin/bin/convert 写中文时，字库加全路径
#bash  hz.sh
convert tmp2.gif -font c:/Windows/fonts/simhei.ttf  -fill red -pointsize 44 -draw @text-utf-8.
mvg   tmp5a.gif
convert tmp2.gif -font c:/Windows/fonts/SimHei.ttf  -fill red -pointsize 44 -annotate
20x20+59+230 @text-utf-8.mvg   tmp5b.gif
```

　　用 Notpad++【编辑】->【档案格式转换】选项可将文件转为 Unix 格式。Windows 格式文件每行结尾有 CRLF 两个字符,而 Unix 格式只有 LF 一个字符。可以用【视图】->【显示符号】->【显示所有符合】查看结尾符号。

　　hz.gs 文件清单—在 Windows 命令行用"grads -clbx hz.gs"执行。

```
## 加字中文字
# Windows 和 cygwin 的都能用
"!convert tmp2.gif -font c:/Windows/fonts/SimHei.ttf  -fill red -pointsize 44 -draw @text-
utf-8.mvg   tmp5a.gif"
"!convert tmp2.gif -font c:/Windows/fonts/SimHei.ttf  -fill red -pointsize 44 -annotate
20x20+59+230 @text-utf-8.mvg   tmp5b.gif"   ;# 所有字符照原样输出


"!exec ./hz.bat"      ;# 执行 dos 批处理文件
"!./hz.sh"            ;# 执行 shell 脚本命令
```

　　text-utf-8.mvg 文件清单

```
text 110,120 "text-utf-8.mvg
文件要以无 BOM 编码格式的 UTF-8
格式存储。\$\" 的任何 "
```

用 Notpad++【格式】选项可以将文件存为 UTF-8 无 BOM 编码格式。

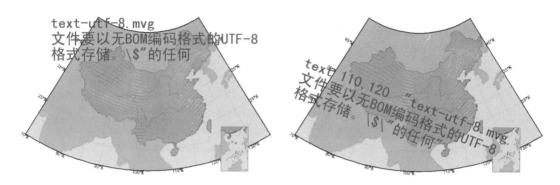

hz-utf-8.bat，hz-utf-8.sh，hz-utf-8.gs，——直接写中文。

hz-utf-8.bat 文件清单——文件存为 UTF-8 无 BOM 编码格式。只能在 ImageMagicK 6.3.7 下实现。

```
:: ' 无 BOM UTF-8 格式 ；
:: ------------------------" % " 转义符号 -----------------------" %^ " 续行
:: ' 直接写汉字  只能在 ImageMagicK 6.3.7-9'  不能用 cygwin/bin/convert  和 Imagem-
agicK v6.7.4
::convert tmp2.gif -font SimHei  -fill red -pointsize 44 -draw "text 40,120 '\" 汉 字 要 以
\'UTF-8\' 格式存储 \"""    tmp5c.gif   &:: ' \" 双引号 '
::convert tmp2.gif -font SimHei  -fill red -pointsize 44 -annotate 20x20+59+230 " 汉字要 \n\'
以 UTF-8\' 格式存储 "    tmp5d.gif   &::# \n 换行


convert tmp2.gif -font c:/Windows/fonts/SimHei.ttf -fill red -pointsize 44 -draw "text 40,120
'\" 汉字要以 \'UTF-8\' 格式存储 \"""    tmp5c.gif   &:: ' \" 双引号 '
convert tmp2.gif -font c:/Windows/Fonts/simhei.ttf  -fill red -pointsize 44 -annotate
20x20+59+230 " 汉字要 \n\' 以 UTF-8\' 格式存储 "    tmp5d.gif   &::# \n 换行
::## -font Arial-Unicode-MS  -font SimHei  -font  c:/Windows/fonts/arialuni.ttf -font  /
cygdrive/c/Windows/fonts/arialuni.ttf


::bash hz-utf-8.sh       &::   只能在 cygwin/bin/convert  和 ImageMagicK v6.7.4   不能用
ImageMagicK 6.3.7-9
```

hz-utf-8.sh 文件清单——只能在 cygwin 和 ImageMagicK v6.7.4 下实现，不能用 ImageMagicK 6.3.7。

```
#!/usr/bin/bash
# save as 'Unix format' and 'not BOM UTF-8' code
# 不能用 Imagemackick v6.3.7  只能用 cygwin/bin/convert 和 Imagemackick v6.7.4 直接
```

（续表）

写中文。.

convert tmp2.gif -font c:/Windows/fonts/SimHei.ttf -fill red -pointsize 44 -draw 'text 140,120
" 汉字要以 \"UTF-8\" 格式存储 "' tmp5c.gif

convert tmp2.gif -font c:/Windows/fonts/SimHei.ttf -fill red -pointsize 44 -annotate
20x20+59+230 " 汉字要 \n\' 以 UTF-8\' 格式存储 "   tmp5d.gif

-font Arial-Unicode-MS -font SimHei -font c:/Windows/fonts/arialuni.ttf -font c:/
Windows/fonts/arialuni.ttf

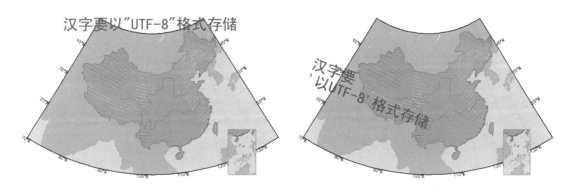

5.11 排列与叠加

tmp.bat 文件部分内容清单（tmp.sh 和 tmp.gs 代表 tmp.bat 用 shell 和 gs 实现的内容）。

```
::# 透明叠加
convert tmp2.gif  maps4.gif -transparent white   -gravity center  -composite tmp3.gif
:: tmp2.gif maps4.gif 都变为透明底然后叠加！！只有 gif 文件能存为透明色！！
convert tmp2.gif ( maps4.gif -transparent white ) -gravity center  -composite  tmp4.gif
:: maps4.gif 变为透明底然后与 tmp2.gif 叠加


::# 叠加  +append 左右叠加 -append 上下叠加
convert tmp2.gif +append maps4.gif -background skyblue -gravity center -append tmp9.gif
::tmp2 上 叠加 maps4
convert maps4.gif +append tmp2.gif -background skyblue -gravity center -append tmp10.gif
::maps4 上 叠加 tmp2
convert tmp2.gif ( maps4.gif +append ) -background skyblue -gravity center -append tmp11.gif
::#rem tmp2 上 叠加 maps4
convert maps4.gif ( tmp2.gif +append ) -background skyblue -gravity center -append tmp12.gif
::#rem maps4 上 叠加 tmp2

;
```

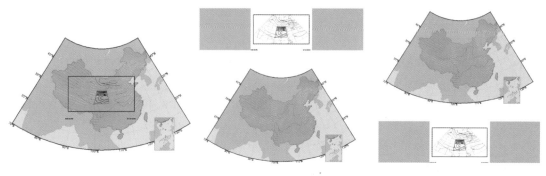

排列图形

::# 排列叠加图形，

::#-geometry 300x300+2+2（图尺寸：300×300 x/y 方向图与图间隔：2（2）；300×
200> 只对大于此尺寸的图缩小处理。小于的保持原样；-tile 9×1 :1 行 9 列 1× :1 列，
不给自动排列。

montage tmp2.gif maps4.gif tmp6.gif tmp7.gif -background red -bordercolor blue -frame
6×6+2+2 -geometry 300×300 -tile 1× tmp13.gif

::## 将 4 幅图统一缩放到 300×300 大小，再加立体框，其中超出部分填 blue 色而不
是 red，-background red 不起作用

montage tmp2.gif maps4.gif tmp6.gif tmp7.gif -background red -bordercolor blue -border
6×6 -geometry 300×300 -tile 1× tmp13a.gif

::## 将 4 幅图统加框（大小不一），再统一缩放到 300×300 大小，超出部分填 red 色
（300×300，自动缩放，但 x/y 比例不变。此例 x 方向统一到 300 点阵。

montage tmp2.gif maps4.gif tmp6.gif tmp7.gif -background red -bordercolor blue -frame
6×6+2+2 -geometry 300×300 -tile 2×2 tmp13b.gif

montage tmp2.gif maps4.gif tmp6.gif tmp7.gif -background red -bordercolor blue -border
6×6 -geometry 300×300 -tile 2×2 tmp13c.gif

montage tmp2.gif maps4.gif tmp6.gif tmp7.gif -geometry 300×300 -tile 1× tmp13d.gif &::
将 4 幅图统一大小（300×300，自动缩放，但 x/y 比例不变）。

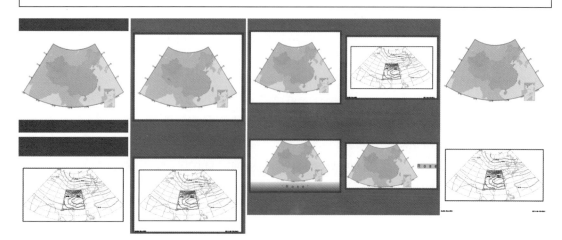

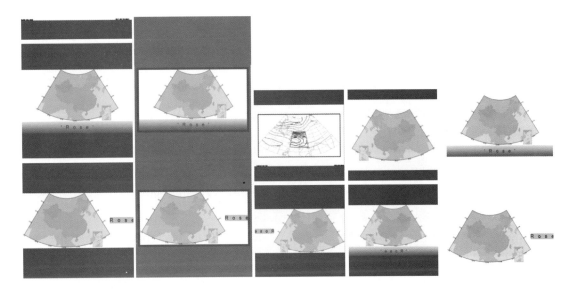

加宝丽金框，图片旋转排列图形

```
montage tmp2.gif maps4.gif tmp6.gif tmp7.gif  -bordercolor Lavender +polaroid
-background SkyBlue -geometry 300x300-10+2  -tile x1 tmp14.gif
```

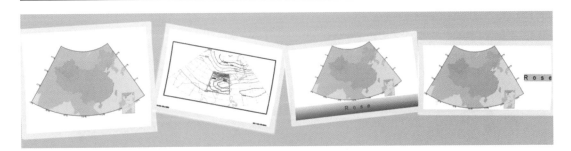

5.12　加说明文字

::# 加字＋叠加　 -trim +repage 自动切除白边，trim 与 crop 的不同，trim 自动，刚好或
略显太狠；而 crop 要设置，可留部分白边。% 写续行。

```
convert tmp2.gif -trim +repage ( -size 1000x100 gradient:yellow-green -pointsize 44 %^
    -gravity center -kerning 35 -tile gradient:blue-red -annotate 0 × 0 'Rose' )      %^
    -background White -gravity center -append -trim +repage   tmp6.gif
convert tmp2.gif -trim +repage -frame 6x6+2+2 ( -size 761x100 gradient:yellow-green
-pointsize 44 %^
    -gravity center -kerning 35 -tile gradient:blue-red -annotate 0x0 "Ro\nse 50$'" ) %^
    -background White -gravity center -append   tmp6b.gif
```

::# 加立体框，加底字

```
convert tmp2.gif -trim +repage  -size x100 -background SkyBlue  -pointsize 44 -kerning 35 %^
```

（续表）

-gravity center label:Rose -background White -gravity center -append -trim +repage tmp6c.gif

convert tmp2.gif -trim +repage (-size 100 × 500 gradient:yellow-green -pointsize 44 %^

    -gravity center -kerning 35 -tile gradient:blue-red -annotate 270 × 270 'Rose') %^

    -background White -gravity center +append -trim +repage tmp6d.gif

convert tmp2.gif -trim +repage -size 200x -background SkyBlue -pointsize 44 -kerning 35 %^

    -gravity center label:Rose -background White -gravity center +append -trim +repage tmp7.gif

convert tmp2.gif -trim +repage -size 200 × -background SkyBlue -pointsize 44 -interline-spacing 35 %^

  -gravity center label:R\no\ns\ne -background White -gravity center +append -trim +repage tmp8.gif

convert tmp2.gif -trim +repage (-size 200x -background SkyBlue -pointsize 44 -interline-spacing 35 %^

    -gravity center -annotate 270 × 270 "R\no\ns\ne") -background White -gravity center + append -trim +repage   tmp8a.gif

convert tmp2.gif -trim +repage -size 200x -background SkyBlue -pointsize 44 -interline-spacing 35 %^

    -gravity center label:R\no\ns\ne -background White -gravity center +append -trim +repage   tmp8.gif ;

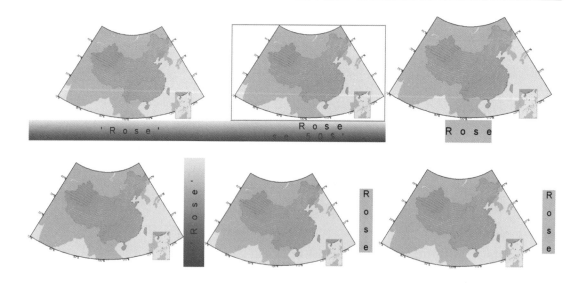

5.13　立方体

```
:# top image shear.
::convert maps2.gif -fill #B4F0FA -opaque white -resize 260×300! -matte -background
none -shear 0x30 -rotate -60 -gravity center -crop 520x301+0+0 top_shear.gif
convert maps2.gif -fill #B4F0FA -opaque white -resize 260×300! -matte -background none %^
    -shear 0x30 -rotate -60 top_shear.gif   &:: 尺寸 =522×452
:: 先把白色替换填为 #B4F0FA；强制生成 260x300 图片，shear 0×30 旋转 -60 度。
::# left image shear
convert maps2.gif -fill #94D3F4 -opaque white -resize 260x300! -matte -background none
-shear 0x30 left_shear.gif
::# right image shear
convert maps2.gif -fill #78B9F9 -opaque white -resize 260×300! -matte -background none
-shear 0x-30 right_shear.gif
::# combine them.
convert left_shear.gif right_shear.gif +append top.gif   &:: 水平尺寸 =522；垂直 =674
convert top.gif ( top_shear.gif -repage +0-224 ) -background none -layers merge +repage
tmp15.gif &:: 水平尺寸 =522
del top_shear.gif left_shear.gif right_shear.gif top.gif
```

5.14　三层叠加

```
convert maps3.gif -trim +repage ( -size 100x500 gradient:yellow-green -pointsize 44 %^
    -gravity center  -tile gradient:blue-red -annotate 270×270 500hPa ) -background White
-gravity center +append -trim +repage  tp1.gif
convert maps3.gif -trim +repage ( -size 100×500 gradient:yellow-green -pointsize 44 %^
    -gravity center  -tile gradient:blue-red -annotate 270×270 700hPa ) -background White
-gravity center +append -trim +repage  tp2.gif
convert maps3.gif -trim +repage ( -size 100x500 gradient:yellow-green -pointsize 44 %^
  -gravity center  -tile gradient:blue-red -annotate 270×270 850hPa ) -background White
-gravity center +append -trim +repage  tp3.gif
::#2 扭曲
convert tp1.gif -resize 60%%×30%% -matte -background none -shear 50×0 tp11.gif
convert tp2.gif -resize 60%%×30%% -matte -background none -shear 50×0 tp22.gif
convert tp3.gif -resize 60%%×30%% -matte -background none -shear 50×0 tp33.gif
::#3 叠加
montage tp11.gif tp22.gif tp33.gif -background skyblue -geometry +0+10 -tile 1x tmp16.gif
&del tp*.gif
```

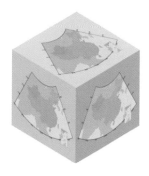 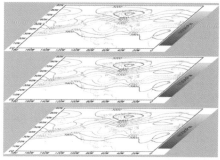 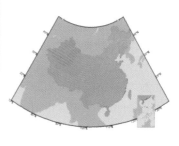

5.15　加框和文字

加框

```
convert maps2.gif -bordercolor skyblue +polaroid  tmp18.gif &::# 加宝丽金框，图片旋转。
convert maps2.gif -bordercolor skyblue -border 10×10 tmp19.gif  &::# 加天蓝色色框
convert maps2.gif -bordercolor skyblue -border 10×10 %^
    ( -size 820x100 -background SkyBlue -pointsize 44 -kerning 35 -gravity center label:Rose ) %^
    -background White -gravity center -append  tmp19a.gif &:: 加天蓝色色框 + 加底字
::## frame is also applied around the actual image on that virtual canvas, and NOT around
the whole canvas.
convert maps2.gif -bordercolor red -frame 6x6+2+2 tmp20.gif      &::#立体框 颜色如何变?
convert maps2.gif -shave 6x6                tmp21.gif      &::# 删除立体框


convert  maps2.gif -fill none -stroke black  -strokewidth 16 -draw "roundrectangle 5,5
795,610 50,50" tmp22.gif  &::# 画圆角黑框
:: 加圆角边框 :-----------------------------------------------------------------------------------
convert  -size 800x616 xc:white -fill #B4F0FA -stroke white  -strokewidth 10 %^
    -draw "roundrectangle 10,10 790,610 40,45" -transparent #B4F0FA tmp24.gif
::## 先画一个白色背景，白色线的圆角长方形，中间填天蓝色，再将天蓝色转为透明色 --
>tmp24.gif  此天蓝色与tmp2.gif的天蓝色底色要一致 . 将 tmp24.gif叠加在tmp2.gif之上
convert   maps2.gif -fill #B4F0FA -opaque white -gravity center -draw "image over 0,0 0,0
tmp24.gif"  tmp23.gif  &del tmp24.gif
```

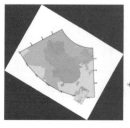 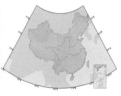  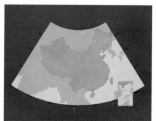

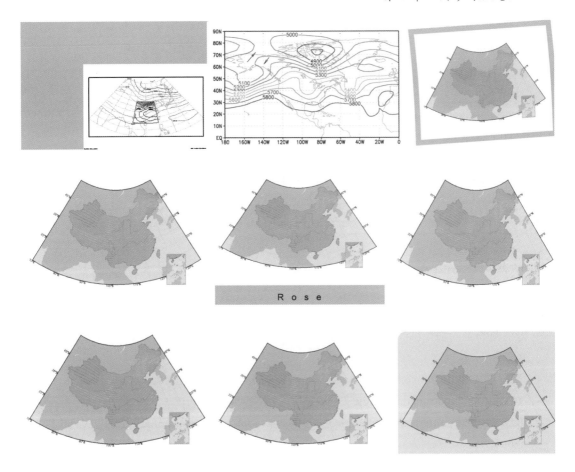

5.16　弧形文字标注

```
:: 沿圆弧写字 --------------------------------------------------------------------------------------
@if a==a goto endif
:: 上弯弧
convert -font SimHei -pointsize 20  -fill navy -background white %^
    label:" Around the World " %^
     -background SkyBlue -virtual-pixel Background   -distort Arc 120  arc_1.gif
:: 下弯弧
convert -font SimHei -pointsize 20 -background white%^
    label:" Around the World " %^
    -virtual-pixel Background  -background SkyBlue -rotate 180 -distort Arc "100 180"  arc_2.gif
:endif


convert -font SimHei -pointsize 20  -fill navy -background none %^
    label:" Around the World " %^
```

（续表）

```
    -background none -virtual-pixel Background   -distort Arc 120  arc_1.gif
convert -font SimHei -pointsize 40 -background none%^
    label:" 500hPa Geopotential high " %^
    -virtual-pixel Background  -background none -rotate 180 -distort Arc "30 180"  arc_2.gif
convert maps2.gif -gravity center  %^
    -draw "image over 0,-160 0,0 'arc_1.gif'" %^
    -draw "image over 0,220 0,0 'arc_2.gif'" tmp25.gif
del arc_1.gif arc_2.gif
:: ----------------------------------------------------------------------------------------------------
```

5.17　杂项

　　带三角箭头的圆角标注文字框

```
:: 带三角箭头的圆角标注文字框  --------------------------------------------------------------
:: 圆角矩形
convert -size 200x100 xc:none -fill none -stroke black -strokewidth 2 %^
-draw "fill Skyblue roundrectangle 2,2 198,98  15,15 " caption1.gif
::-draw "fill Skyblue roundrectangle 2,2 198,98  15,15 stroke skyblue line 40 98 60 98"
caption1.gif
:: 在比圆角矩形小一点的矩形写字
convert -size 190x90 -background none -font SimHei -fill red %^
    -gravity Center  caption:@text-utf-8.mvg  caption2.gif
:: 叠加  caption1.gif caption2.gif
convert caption1.gif caption2.gif -gravity center  -composite  caption1.gif
:: 画三角箭头
convert -size 220x150 xc:yellow -stroke black -strokewidth 2 %^
    -draw "fill Skyblue polyline 60,98 1,150 1,150 80,98 " caption2.gif
:: -draw "stroke BLACK line 60,98 1,150 line 1,150 80,98 " caption2.gif
:: -draw "stroke BLACK line 60,98 1,150 line 1,150 80,98 stroke skyblue line 60 100 80
100" caption2.gif
:: 箭头与圆角矩形框叠加
::convert caption2.gif -transparent white -draw "image over 20,0 0,0 'caption1.gif'" caption1.gif
convert caption2.gif -transparent yellow -draw "image over 20,0 0,0 'caption1.gif'" %^
    caption1.gif
:: 最后与 maps2.gif 图片叠加
convert maps2.gif -gravity center -draw "image over 250,-220 0,0 'caption1.gif'" tmp26.gif
::del  caption2.gif
```

立体图片

```
:: 立体图片
convert  maps2.gif ( +clone -background navy -shadow 80x18+15+35 ) +swap %^
      -background skyblue -layers merge +repage  tmp24.gif
:: 先画一天蓝色背景，与上述海军蓝的立体图片叠加。
convert -size 900x750 xc:skyblue -gravity center -draw "image over 10,15 0,0 'tmp24.gif'"
tmp24.gif
```

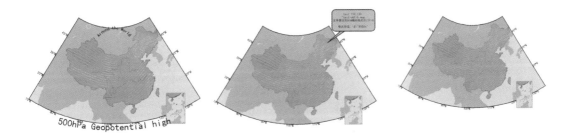

#!/usr/bin/bash

```
# 画箭头 ------------------------------------- %^ 续行
arrow_head1="path 'M 0,0 l -15,-5 +5,+5  -5,+5  +15,-5 z'"   # 实心箭头：15 点阵长，10
点阵宽，scale 2，1：长度扩大一倍，宽度不变。
arrow_head2="path 'M 0,0 l -15,-5 M +0,+0 l -15,+5 z'"        # 空心箭头：15 点阵长，10
点阵宽，scale 2，1：长度扩大一倍，宽度不变。

# 实心箭头 blue 线 skyblue 填色 起点 (280,170) 旋转 -46.7 度
convert ../c_map.gif -stroke black -strokewidth 2 -draw "line 230,225  280,170" \
    -strokewidth 1 -draw  "stroke blue fill skyblue translate 280,170 rotate -46.7 scale 2,1
$arrow_head1" arrows.gif

# 空心箭头
convert arrows.gif -stroke black -strokewidth 2 -draw "line 360,200  330,238" \
    -strokewidth 1 -draw  "stroke blue  translate 330,238 rotate 128 scale 2,1 $arrow_head2"
arrows.gif

# 画五角星
star1="path 'M 0,0  m 0,-100  l -58.778,+180.901  +153.884,-111.803 -190.211,+0
+153.884,+111.803 -58.778,-180.901 z'"   # 实心。小写的 m，l 表示相对位移。
star2="path 'M 0,0  m 0,-100  L -58.778,+80.901  L +95.105,-30.901 -95.105,-30.901
```

```
58.778,80.901 0,-100 z'"          # 实心。大写的 M，L 表示绝对坐标。


# blue 线 ；skyblue 填色 star2 起点 (380,170) star1 起点 (380,370) 大小 :scale 0.5,0.5
convert ../c_map.gif -strokewidth 2 -draw  "fill-rule nonzero stroke blue fill skyblue translate
380,170 rotate 0 scale 1.0,1.0 $star2" star.gif
convert star.gif -strokewidth 2 -draw  "fill-rule nonzero stroke blue fill skyblue translate
380,370 rotate 0 scale 0.5,0.5 $star1" star.gif


#  写字  在五角星下方
#let "x =$2+50"                    ; # 只能作 整数 运算
x=`echo "$2+50" | bc`             ; # 浮点数计算，scale=3 : 输出 3 位小数
y=`echo "$3-105.55678" | bc`      ; # 浮点数计算，scale=3 : 输出 3 位小数
#echo '(x,y)===='$x $y
#  直接写汉字 起点 ( $x,$y ) draw 没有换行 -interline-spacing 35 行距 -kerning 5 字间距
   convert c_map.gif -font 华文仿宋 -Regular  -fill red -pointsize 14 -kerning  1\
   -draw "text $x,$y \" 汉字要以 \'UTF-8\' 格式存储 \" \n 字库名 方式 1: 名称 2: 路径 /
名称 3: 可以用 Windows 或 cygwin 的字库 '"   c_map.gif


y=`echo "$3+35.55678" | bc`       ; # 浮点数计算，scale=3 : 输出 3 位小数


convert  c_map.gif -fill white -stroke black -font c:/Windows/fonts/pala.ttf \
   -pointsize 24 -draw "text $x,$y 'Hello World'"  c_map.gif


y=`echo "$y+55" | bc`             ; # 浮点数计算，scale=3 : 输出 3 位小数
convert  c_map.gif  -background lightblue -fill blue  -stroke red -font 华文仿宋 -Regular
-strokewidth 1  -pointsize 45  -annotate 0x0+$x+$y "Hello Wold \n 摄氏度 "  c_map.gif
```

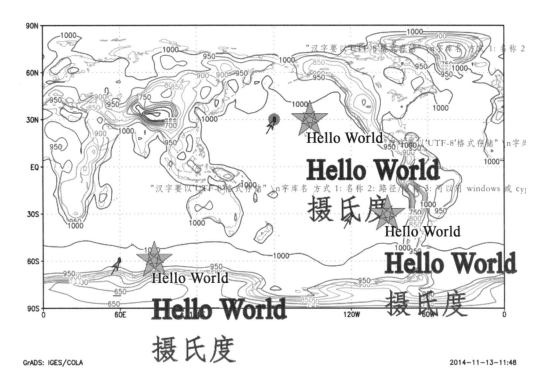

5.18　蓝色地球

```
#  将 Grads 所绘图形叠加在 land_350x175.jpg 图片上。

#'set vpage 0 6 0 5'
'open ../../../model.ctl'
'set lon -180 180'
'd ps'

if( 0 )
#  输出 png 格式图片：大小  385x248（图框中心的尺寸正好是 350x175)
'q gxinfo' ; rec2 = sublin(result,2) ; rec3 = sublin(result,3) ; rec4 = sublin(result,4)
xmax = subwrd(rec2,4) ; ymax = subwrd(rec2,6)          ; # 图的尺度
xb   = subwrd(rec3,6) - subwrd(rec3,4)                 ; # 图框尺寸
yb   = subwrd(rec4,6) - subwrd(rec4,4)
xp   = math_nint(350*xmax/xb)                          ; # 385
yp   = math_nint(175*ymax/yb)                          ; # 248
# say 'xp='xp yp='yp
```

```
'printim tmp.png x'xp' y'yp' white'
#　作底图
"!convert -size "xp"x"yp" xc:white tmp1.png"　　；# 生成 385×248 白色底图 tmp1.png
#"!convert tmp1.png  land_350×175.png -gravity center  -composite tmp1.png"　；# 将
land_350x175.png 居中叠加在 tmp1.png 上。
"!convert tmp1.png  land_shallow_topo_350.jpg -gravity center  -composite tmp1.png"　；
#　将 land_350×175.png 居中叠加在 tmp1.png 上。
#　透明叠加
"!convert tmp1.png \( tmp.png -transparent white \) -gravity center  -composite tmp.gif"　；
#&rem tmp.png 为透明底然后与 tmp1.png 叠加

#　输出图片（385x248）-b tmp1.png tmp1.png 作为底图。
'printim tmp.png  x'xp' y'yp' white -b tmp1.png -t 0'
'!rm -f tmp1.png'
endif


if( 10 )
#　输出 png 格式图片：大小 2253×1451（图框中心的尺寸正好是 2048×1024)
'q gxinfo'；rec2 = sublin(result,2)；rec3 = sublin(result,3)；rec4 = sublin(result,4)
  say result
xmax = subwrd(rec2,4)；ymax = subwrd(rec2,6)　　　　；# 图的尺度
xb  = subwrd(rec3,6) - subwrd(rec3,4)　　　　　　　；# 图框尺寸
yb  = subwrd(rec4,6) - subwrd(rec4,4)
xp = math_nint(2048*xmax/xb)
yp = math_nint(1024*ymax/yb)
 say 'xp='xp' yp='yp
** 'printim tmp2.gif  white'


'printim tmp.png x'xp' y'yp' white'
#　作底图
"!convert -size "xp"x"yp" xc:white tmp1.png"　　；# 生成 2253×1451 白色底图 tmp1.png
#"!convert tmp1.png  land_shallow_topo_2048.jpg -gravity center  -composite tmp1.png"
；# 将 land_shallow_topo_2048.jpg 居中叠加在 tmp1.png 上。
"!convert tmp1.png  land_shallow_topo_2048.tif -gravity center  -composite tmp1.png"　；
#　将 land_shallow_topo_2048.jpg 居中叠加在 tmp1.png 上。
#　透明叠加
"!convert tmp1.png \( tmp.png -transparent white \) -gravity center  -composite tmp.gif"　；
```

（续表）

tmp.pngc 转为透明底然后与 tmp1.png 叠加

输出图片（2253×1451）-t 0 白色部分转换为透明色。-b tmp1.png tmp1.png 作为底图。
tmp2.* 应该等同于透明叠加产生的 tmp.gif 图的效果。但有些差别。"透明叠加"的
效果更好一些。
  'printim tmp.png x'xp' y'yp' -b tmp1.png -t 0'
#'printim tmp.png x'xp' y'yp' white -b tmp1.png -t 0'
#'printim tmp.png x'xp' y'yp' white -b tmp1.png'
'!rm -f tmp1.png'
endif

  ;

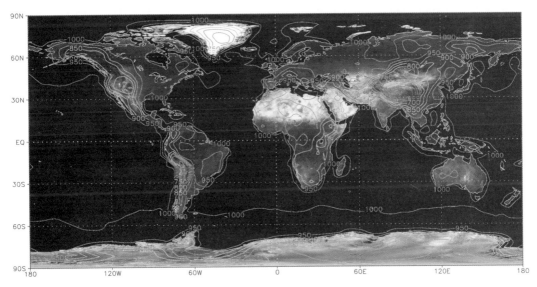

附录 1 如何精确控制图形输出的尺寸——Landscape纸型为例讨论

要精确控制图形尺寸，用户要能控制：

● 图形矩形外框的水平和垂直尺寸；

● 矩形框的起点—左下角点的位置。

GrADS 页面控制语句：

（1）**vpage xmin_page xmax_page ymin_page ymax_page**

定义虚页范围。xmin_page/ ymin_page>=0；xmax_page/ ymax_page<=11（8.5）英寸，根据纸型而定。xmax_page- xmin_page 和 ymax_page- ymin_page 定义了一个虚页，虚页等于最大可绘图区——即最大剪裁区，超过其边界的任何东西都不可见。但它并不能控制图形矩形外框的水平和垂直尺寸。缺省时虚页等于物理页，11×8.5 英寸[*]。

（2）**parea xmin xmax ymin ymax**

在虚页内图形区域的尺寸。xmin /ymin>0;xmax/ymax<11(8.5)。因考虑要标示坐标轴、图题、图例等，所以图形区域一定要小于虚页范围。但 xmin，xmax，ymin，ymax 与 xmin_page，xmax_page，ymin_page，ymax_page 的取值可以"毫不相干"，即 xmin 不必大于 xmin_page；xmax 不必小于 xmax_page。因为 xmin_page，xmax_page，ymin_page，ymax_page 定义了虚页在物理页上的坐标—物理坐标，而 xmin，xmax，ymin，ymax 定义的是图形区域在虚页上的坐标——虚页坐标。

因此，vpage 的作用是把一个物理页（11×8.5 英寸）分为一个或多个更小的区域—物理坐标，而 parea 是在每一个虚页内定义图形区域的尺寸——虚页坐标。当虚页大小不等于物理页大小时，虚页坐标的尺寸并不代表实际尺寸。

```
'open model.ctl'
'set   vpage 5  11  2  6'
'set   parea 1  7  1  7'   ;#parea 设置的数值似乎与 vpage 设置的数值无关。
'set   mproj scaled'
'd ps'
'query gxinfo'
say  result
```

Vpage 与 parea 设置似乎无关。最后来看看 query gxinfo 的显示结果：

Last Graphic = Contour

---

* 1 英寸 =2.54 cm。

Page size 11 by 7.3333 ，显示虚页的尺寸（11×7.3 英寸，与 vpage 定义的尺寸无关）。

X Limits = 1 to 7

Y Limits = 1 to 7

Xaxis = Lon Yaxis = Lat

Mproj = 1

Mproj=1 对应 set mproj scaled; 2 对应 latlon 等等。Page size 和 X Limits/ Y Limits 参数可以用以下两例说明：

例 -1

```
'open  model.ctl'
'set  mproj  scaled'
'set  vpage  5  11  2  6'
'set  parea  1  7  1  7'
'set  mproj  scaled'
'd  ps'
'query  gxinfo'
say  result
'set line 5 '
'draw  rec  0  0  10.9  7.3'   ; # 以 Page size 参数画矩形框—物理页。见附图 -1。
'draw  rec  1  1   7    7'     ; # 以 X Limits/ Y Limits 参数画矩形框。
```

例 -2，若删除 VPAGE 设置。

```
'open  model.ctl'
'set  mproj  scaled'
#set  vpage  5  11  2  6'
'set  parea  1  7  1  7'
'set  mproj  scaled'
'd  ps'
'query  gxinfo'
say  result
'set line 5 '
'draw  rec  0  0  10.9    7.3'
'draw  rec  0  0  10.9    8.49'  ; # 物理页。此时虚页＝物理页。见附图 -2。
'draw  rec  1  1   7      7'     ; # 以 X Limits/ Y Limits 参数画矩形框。
```

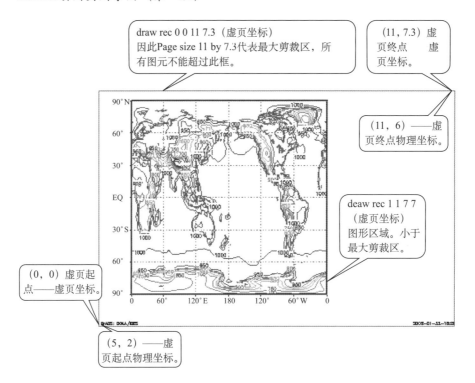

draw rec 0 0 11 7.3（虚页坐标）
因此Page size 11 by 7.3代表最大剪裁区，所有图元不能超过此框。

（11，7.3）虚页终点　虚页坐标。

（11，6）——虚页终点物理坐标。

deaw rec 1 1 7 7
（虚页坐标）
图形区域。小于最大剪裁区。

（0，0）虚页起点——虚页坐标。

（5，2）——虚页起点物理坐标。

　　因此，parea 定义一个虚页坐标，只有在关闭了 vpage 参数后，parea 定义的尺寸才代表实际大小。要控制图形大小及位置：

● 关闭 vpage 设置。

● set mproj scaled

● set parea xmin xmax ymin ymax；(xmin,ymin)——起点，(xmax-xmin)x(ymax-ymin)——大小。

　　问题好象就此解决了。但当例 -2，改变 mproj 设置后，问题依然存在。

```
'open c:/pcgrads/sample/model.ctl'
'set mproj latlon'
…………
```

　　因此，只能在 mproj=scaled 条件下精确控制图形尺寸。其他条件下，GrADS 会先产生一内部的 X/Y 轴尺寸，最后按比例缩放到 parea 设定的范围内。若两者不完全吻合，因此只能有一边是吻合的。另一边自动居中放置。同时也说明 parea 只是定义了最大的图形区域剪裁区，实际显示比它还要小，X/Ylimit 才是实际剪裁区，但它是不可完全控制的。注意此时的 query gxinfo 的显示结果：

Last Graphic = Contour

Page size 11 by 8.5

X Limits = 1 to 7　　此处没变。

Y Limits = 2.2 to 5.8　此处已变化。X /Y Limits 为最终的图形区域剪裁区。

Xaxis = Lon Yaxis = Lat

Mproj = 2

因此,在非 Scaled 投影形势下,只能控制起点的坐标和一边的长度。见例 - 3 和附图 - 3 。

```
'open c:/pcgrads/sample/model.ctl'
'set parea 1 7 1 (5.8-2.2+1)'  ;# 只能空制起点（1,1）——虚页坐标；和 X_axis。
'd ps'
'query gxinfo'
say result
'set line 3'
'draw  rec  0  0   10.9    7.3'
'draw  rec  0  0   10.9    8.49'
'draw  rec  1  1    7      7'
```

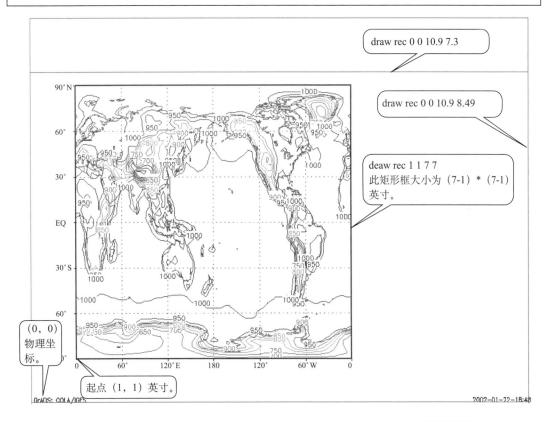

draw rec 0 0 10.9 7.3

draw rec 0 0 10.9 8.49

deaw rec 1 1 7 7
此矩形框大小为（7-1）* （7-1）英寸。

（0，0）
物理坐
标。

起点（1，1）英寸。

GrADS: COLA/IGES   2002-01-22-18:48

关于物理坐标与虚页坐标的转换。GrADS 中只有 vpage 定义的是物理坐标其他全部是虚页坐标——又称页面坐标。只有当关闭虚页设置后,虚页坐标才代表物理坐标。以例-3 设置:vpage 5 11 2 6; parea 1 1 7 7 为例。

●定义的虚页坐标参数（物理坐标）:

起点（5,2）英寸;终点（11,6）英寸 X 轴长:dx=11-5 英寸;Y 轴长:dy=6-2 英寸

X 轴比例:xscale = dx/11;Y 轴比例:yscale=dy/8.5

● 最大可绘图区 / 可剪裁区—q gxinfo 显示中 page size 显示结果

虚页坐标的起点（0，0）；终点（vdx,vdy）；

X/Y 轴长度（虚页坐标单位）

1. 如果 xscale > yscale——长轴占优

vdx = xscale/ yscale*11

vdy = dy/ yscale=8.5 虚页坐标单位

2. 如果 xscale < yscale

vdx = xscale/ yscale*11

vdy = dy/ yscale=8.5 虚页坐标单位

vdx = dx/ xscale=11 虚页坐标单位

vdy = dy/ xscale=7.33333 虚页坐标单位

3. 如果 xscale =yscale

vdx = 11 虚页坐标单位

vdy = 8.5 虚页坐标单位

在虚页坐标下，所有坐标都不能超出虚页坐标的起点（0，0）；终点（vdx,vdy）。因此前面所说的 vpage 与 parea 参数"无关"只是表面现象，parea 参数是虚页坐标单位要受虚页起点 (0,0) 和终点 (vdx,vdy) 的控制。另外，当定义多个虚页时，其最大可绘图区 / 剪裁区可以是相互重叠的。

● **虚页坐标与物理坐标的转换**

任意一个虚页点：**(vx,vy)** ——虚页坐标单位；**(0,0) <=（vx,vy）<=(vdx,vdy)**

任意一个物理点：**(x, y)** ——英寸

1. 如果 xscale >= yscale——长轴占优

x = 虚页起点 _x + vx*xscale

y = 虚页起点 _y + vy*xscale

2. 如果 xscale < yscale

x = 虚页起点 _x + vx*yscale/xscale/11

y = 虚页起点 _y + vy*yscale

● **小结**

物理坐标——定义实际尺寸（英寸）；

虚页坐标 / 页面坐标（X/Y）——虚页坐标单位；

世界坐标（LON/LAT）——用经，纬度表示的页面坐标。

GrADS 页面控制的小工具：

● **rpage.gs——返回当前虚页设置在物理页面上的水平（xmin/xmax）和垂直（ymin/ymax）范围（英寸）**

```
function real_page()
*return real page coordinate
……………………………………………
return( xmin' 'xmax' 'ymin' 'ymax )
```

用法：rpage（无需参数）；返回：xmin' 'xmax' 'ymin' 'ymax

● **rpoint.gs——给出虚页点的坐标（英寸）（vxp，vyp），返回该点在实页上的坐标（英寸）（rxp，ryp）**

---

function real_point(args)

*give a vpage point, return its real page coordinate

vxp = subwrd(args,1) ; vyp = subwrd(args,2)

………………………………………………

return(rxp' 'ryp)

用法：rpoint vxp' 'vyp(虚页点坐标：英寸)；返回：rxp' 'ryp（实页点坐标：英寸）

附录 2   Linux环境下的安装

第一步：在任意目录下解压 grads-2.0.1-bin-i686-pc-Linux-gnu.tar.gz（如在～／目录下）

$>tar zxfv grads-2.0.1-bin-i686-pc-Linux-gnu.tar.gz

生 成 ~/grads-2.0.1/bin。 创 建 ~/ grads-2.0.1/dat，~/ grads-2.0.1/sample 和 ~/ grads-2.0.1/lib 目录

将从 GrADS 网站下载的地图和字库数据 data.tar.Z 解压到 ~/ grads-2.0.1/dat

'~' 代表 'grads' 目录之前的路径（用绝对路径）。

第二步：创建模板和例子

目前在 lib 和 sample 目录中是空的，可以把 Windows 中相应目录中的内容考贝过来。但要测试验证，有些情况下需要用 dos2Unix 做文件格式转换后才能使用。

第三步：设置路径和环境变量

.bashrc(使用 bash shell 用户的初始化文件)

PATH=$PATH: ~/grads/bin

GADDIR=~/grads/data

GASCRP=~/grads/lib PATH

GASHP=~/grads/dat/shape/grads

export GADDIR GASCRP GASHP PATH

.cshrc(使用 c shell 用户的初始化文件)

set path=($path ~/grads/bin)

setenv GADDIR ~/grads/dat

setenv GASCRP ~/grads/lib

setenv GASHP ~/grads/dat/shape/grads

附录 3　苹果Mac OS X系统上的安装

旧版 Mac OS X 系统非常像 Linux 系统，本身已经带了 X server 服务，因此不需要安装 X servre 软件。安装步骤基本同 Linux 环境安装。但新版 Mac 系统缺省可能 X server 需要按照 Xcode。

第一步：可以在任意目录下解压 grads-2.0.1-bin-darwin9.8-intel.tar.gz，缺省应安装在 / Applications/ 目录。

生 成 /Applications/grads-2.0.1/bin。创建 grads-2.0.1/dat，grads-2.0.1/sample 和 grads-2.0.1/lib 目录。将从 GrADS 网站下载的地图和字库数据 data.tar.Z 解压到 ~/ grads-2.0.1/dat

第二步：创建模板和例子

把 Windows 中 sample 和 lib 目录拷贝到上述相应目录中。

第三步：设置路径和环境变量

Mac OS X 按 bash shell 方式设置。打开 /etc/bashrc 文件，

$ >sudo vi /etc/bashrc

添加以下几行：

PATH=$PATH: /Applications/grads/bin

GADDIR= /Applications /grads/dat

GASCRP= /Applications /grads/lib

GASHP= /Applications /grads/dat/shape/grads

export GADDIR GASCRP GASHP PATH

附录4　新添功能

新 添 功 能	说 明
1. 新增和改进了 10 种地图投影（简称）：satellite(sat)、orthograpgice(orth)、moll weide(moll)、hammer(ham)、Armadillo(arm)、Wangner(wan)、Robinson(rob)、azimuthal(az)	Set mproj 投影方式 <lonref> <latref> 参考经纬度（中心点经纬度）=lonref，latref Moll&ham&wan&rob&Az: lonref=0, latref = 0 Sat: lonref=0, latref=60 Arm: lonref=0, latref=+/-30 经纬度坐标直接标在图中
2. 以及在设置 'set mpvals' 下，改进的 lambert 和 nps/sps 矩形图	Set lon/lat 和 set mpvals 可以导致输出矩形图。四周标注经纬度坐标。针对经纬度聚集收缩的地方，你可能要考虑关闭在此标注坐标
3. 改进为以 "masked" 方式标值。	废除 set clab forced 设置
4. 新增两种 T-logP 图形输出：Tephi(英式) / skew (美式) 及 cape/cin 等多种热力参数的计算。 skew(t,td<, Ps><, Ts><, Tds><, filename><, Pcape>) < 所有可省略参数，都可用 * 表示 >	'd skew(t,td<, Ps, Ts, Tds, filename, Pcape>)' T/Td: 标准等压面层温度、露点温度 [C/K] Ps,Ts,Tds: 地面气压 [hPs]、温度、露点 [C/K] 或表示抬升起点温压值，省略表示从第一层 Filename: 参数文件名 Pcape[hPa]：Cape/Cin 开始计算的气压 < 缺省从最低层气块起始抬升处开始计算 >
5. sp2td(T[C/K] , q[kg/kg],<Ps/lev[hPa]>) →露点温度 rh2td(T[C/K] , RH[0~1], <Ps>)　　　 →露点温度 td2sp(T[C/K] ,Td[C/K] ,< Ps>)　　 →比湿 q([kg/kg]) rh2sp(T[C/K] ,RH[0~1], <Ps>)　　 →比湿 q([kg/kg]) (only grid data)	第三个参数，Ps[hPa]，可选，当只计算地面层露点温度时，此时要给出地面气压（或某一等压面层 [hPa]，用 lev 代表某一等压面层气压。计算多层时，lev 可以不用给出，如 set lev 1000 100，lev 代表从 1000 到 100hPa 之间的所有层气压，可以不用给
6. oacres(gexpr, sexpr <,radii> <,T/F>) Cressman objective analysis	新增 first guest 参数（最后一个参数代表，缺省 =F）。first guest 参数可以给 T 或 F 或 * (=F)。 radii 参数可以给 *，表示用系统缺省值（10，7，4，2，1） 网页说明遗漏：当最后一个影响半径 = " -1，数值"：表示用其后的"数值"代表"均一的第一猜值" 如 oacres（gexpr, sexpr, 10, 7, 4, 2, -1, 1000）第一猜全场都 =1000 影响半径 =10，7，4，2 四次扫描。最后一个参数代表第一猜取法。缺省为：F 表示第一猜用台站数据的平均值或由用户给定一均值。如果最后一个参数 =T，表示第一猜用 gexpr 代表的网格点值

（续表）

	新 添 功 能	说 明
7.	oabarn(gexpr, sexpr <,radii> <,T/F> <,alfa=4>) Barnes objective analysis	
8.	set cairo_clip 东北区域 1.txt <-fill 2> <-linel 2> 东北区域 1.txt: 以文件的形式定义多边形 set cairo_clip on/off set cairo_clip 5 1 1 1.3 7 3 5 6 7.5 5	set cairo_clip 东北区域 1.txt -fill 2' 用文件定义多边形区域, -fill 2 用红色填充 set cairo_clip 东北区域 1.txt -line 2' -linel 2 用红色画多边形边界线 'set cairo_clip 5 1 1 1.3 7 3 5 6 7.5 5 2' ;# 按英 寸定义 5 个点的剪裁区域
9.	d maskout(gexpr, 东北区域 1.txt <, -line/-fill <, 2> >) 只画多边形区域内的数据	用文件定义多边形区域, -fill 2 用红色填充 –line 2 用文件定义多边形区域, -fill 2 用红色填充 'd aave(maskout(cape, 东北区域 1.txt), lon=70, lon=140, lat=15, lat=55)' 只计算多边形区域内的平均
10.	draw string/title/xlab/ylab 利用 windows/Mac 通用字库, 写中 / 藏 / 日 / 韩 / 阿拉伯 / 希伯来文、特殊符号等多种 UTF-8 字体	'set font 23 < 路径 > STFANGSO.TTF' 仿宋体 'draw string x y 中 / 藏 / 日 / 韩 / 阿拉伯'
11.	draw string x y string -c color -j 对齐方式 -r ang[度] -s size[英寸]	写字符串 [字符串中间可有空格] 可选带颜色、 对齐方式 [bl]、角度、字符大小等参数 [可选 参数要写在"字符串"后面]
12.	draw mapstring lon lat string -c color -j 对齐 方式 -r ang[度] -s size[英寸]	按经纬度点写字符串
13.	draw curve/curvef x1 y1 x2 y2 x3 y3 <color> draw 命令的最后一个字是 f 表示是具有填色功能	通过 3 点定弧线 / 填色弧 (结尾带 f 的代表用"填 色"画法, 以下相同)
14.	draw mapcurve/mapcurvef lon1 lat1 lon2 lat2 lon3 lat3	用经纬度坐标画弧线 / 填色弧
15.	draw mapmark marktype lon lat <size>	在经纬度点上画标记。缺省尺寸 : 按字符大小
16.	draw arc/arcf 画圆 / 椭圆 / 顺 / 逆时针的圆弧 / 椭圆弧	draw arc x y rd <xscale> <yscale> <rorate> <ang1> <ang2> <color> 圆心 : 英寸 半径 : 英寸 x/y 缩放比 (1:1) 旋转 角 :(00) 起始角 (00) 终止角 : 度 (3600) Rd<0 逆时针
17.	draw maparc/maparcf lon lat rd <xscale> <yscale> <rorate> <ang1> <ang2> <color>	在经纬度点上画圆 / 圆弧
18.	draw elbow/ elbowf 画圆 / 椭圆环 / 顺 / 逆时针 的圆弧 / 椭圆弧	draw elbow x y rd1 rd2 <xscale> <yscale> <rorate> <ang1> <ang2> <color> 圆心 : 英寸 rd1 外半径 : 英寸 rd2 内半径 x/y 缩放 比 (1:1) 旋转角 :(00) 起始角 (00) 终止角 : 度 (3600) Rd<0 逆时针

（续表）

	新 添 功 能	说 明
19.	draw mapelbow lon lat rd1 rd2 <xscale> <yscale> <rorate> <ang1> <ang2> <color>	在经纬度点上画圆 / 椭圆环 / 顺 / 逆时针的圆弧 / 椭圆弧
20.	'draw poly/polygon/polyf x1 y1 x2 y2 x3 y3 '	画 /< 填色的 > 多边形
21.	'draw mappoly/mappolyf ln1 lt1 ln2 lt2 ln3 lt3';	画 /< 填色的 > 多边形（经纬度坐标）
22.	'draw polyf 东北区域 1.txt <, -line/-fill <, 2>>'	画 /< 填色的 > 多边形 <, -line/-fill <, 2>> 线颜色 / 填色颜色
23.	'draw line 东北区域 1.txt <, -line <, 2>>'	画折线
24.	draw mapline lon1 lat1 lon2 lat2 <lon3 lat3 …>	用经纬度坐标画折线
25.	'draw arrow/arrowf x1 y1 x2 y2 <x3 y3 …>	画带 /< 实心 > 箭头的线 / 折线
26.	draw maparrow/maparrowf lon1 lat1 lon2 lat2 <lon3 lat3 …>	用经纬度坐标画箭头线
27.	draw rec/recf x1 y1 x2 y2 <color> <-r ang>	画 < 填色的 > 矩形框 –r ang 旋转角度 [度]
28.	draw rec/recf x1 y1 x2 y2 <image.png>	在矩形框内居中插入图片。
29.	draw maprec/maprecf lon1 lat1 lon2 lat2 <color>/<image.png> <-r ang>	用经纬度定义矩形的 4 个坐标点，其它解释同上
30.	rec=math_strstr(' open ../model.ctl' , 'mod') 查找字符开始的位置	返回：model.ctl
31.	rec=math_index(' open ../model.ctl' , 'e') 从前向后查找字符开始的位置	返回：en ../model.ctl'
32.	rec=math_rindex(' open ../model.ctl' , 'e') 从后向前查找字符开始的位置	返回：el.ctl'
33.	Rec=math_getenv(GADDIR) 获取环境变量的值	返回：GADDIR 环境变量值
34.	1: math_area(filename.txt , < rd>) 计算多边形的面积 如：math_area (beijing.dat)：计算北京市的面积，单位：（平方米） 2: math_area(rbpoly <f> , < rd>) 画图画后，点击图面，计算橡筋多边形的面积（rbpoly：对多边形填色）	Filename.txt，Text 文件：多边形点序列（经纬度或其它），rd：地球半径（缺省：6371000 米，计算球面（经纬度点序）多边形的面积，单位：rd 单位的平方（缺省：平方米））；rd=0，计算平面多边形面积，单位：平面点序单位的平方
35.	math_ceil(-3.5)=-2 math_ceil(3.2)=4	向右取整
36.	math_floor(-3.5)=-4 math_floor(3.5)=3	向左取整
37.	math_int(-3.5)=-3 math_int(3.5)=3	向原点 (中心) 取整

（续表）

	新 添 功 能	说 明
38.	math_nint(-3.5)=-4 math_nint(3.5)=4	四舍五入取整
39.	rec=math_fmod(5.5,2.1) rec=math_fmod(5.5,2.5) rec=math_mod (5.5,2.1) rec=math_mod (5.5,2.5)	Rec=1.3 (5.5-int(5.5/2.1)*2.1 Rec=0.5 (5.5-int(5.5/2.5)*2.5 Rec=1 int(5.5-int(5.5/2.1)*2.1) Rec=0 int(5.5-int(5.5/2.5)*2.5)
40.	Query stidinfo 查询站点类数据的站号	Set lon/lat v1 v2 设置经纬度范围，查找此区域中的站号及经纬度值
41.	Query vp2xy vx vy	Converts virtual page XY to A4 page XY coordinates
42.	Query col #col	Returns info about a particular coloure defined 如何未定义该号颜色，返回系统缺省定义颜色 150 150 150（灰色）
43.	Set xlopts/ylopts * * * xtick/ytick xtick/ytick 密度太大时不标次级刻度线，以防止"密集恐惧症"发生	x/y 轴 标次级坐标刻度的密度、条数（缺省 =2）；给 * 值的地方，表示用缺省值。=0 不标次级刻度线。Xtick/ytick 值小于 0；向内标注刻度线。或给一个大负数：如 -999，向内标主刻度线，但不标次级刻度线。 给 *，表示不修改系统值，也可将 * 替换成想要修改的值
44.	Set xlpos/ylpos <offset> <side>	X 坐标：Side=b or t or bt/tb(缺省) Y 坐标：side=r or l or rl/lr(缺省)
45.	set xlab/ylab on/off/n set xlab/ylab %g <n> set xlab/ylab %ghPa/%-ghPa <n> set xlab E/W <n> set ylab N/S <n>	缺省：按《气象》要求标坐标。 X/Y 坐标每间隔 n-1 个刻度标坐标值 . 以 C 语言指定格式（%g）写坐标。 %ghPa 在最后标坐标值加单位符号；%-ghPa 在第一个标单位，其他地方只标值 E/W：在所有（或间隔 n-1）经度坐标点上加 E 或 W 符号 N/S：在所有（或间隔 n-1）纬度坐标点上加 N 或 S 符号
46.	set arrlab on/off <x> <y> set maparrlab on/off <lon lat>	开启 / 关闭 矢量箭头图例 (x,y) [英寸] 图例位置，可以只给 x、y 其中一个值（缺省 set arrlab on, 在右下角） 按经纬度坐标定图例位置（要在设置 mproj 之后设置）
47.	reinit <-p/portrait> <-l/landscape>	初始化 < 设置成 portrait 或 landscape 模式 >
48.	Set parea vx * vy * 平移 Set parea vx * 只作 x 方向平移 Set parea * * vy 只作 y 方向平移 Set parea 命令长久有限	定义图框的起点坐标（虚页点），不改变大小，因此只作平移。 用 q gxinfo 查看图框虚页尺寸。以确保图框右上角不越界

（续表）

	新 添 功 能	说 明
49.	set_parea <90%> <80%> set_parea <100%> <80%> set_parea <off> set_parea.gs 工具在 ../tools 目录下	分别或单独指定水平和 / 或垂直方向缩放比例 水平"不变"y 方向缩小 80%（Y 方向变了，某些情况 X 方向也好自动调整，因此这里用引号的"不变"） 关闭 set parea 设置
50.	Ctl 文件和 netcdf 格式数据支持以数字开头的变量命名	3dcloud 带小数点变量名 pm2.5
51.	Set gxout shaded/shade1/shade2/shade2b <old>	修订缺省采用新式填色方式，按等间距填色，但当色阶数超过 rainbow 数时，超出部分都用同一种颜色。但等值线级数小于 rainbow 数时，部分 rainbow 颜色用不到。 当带 old 参数时，用原有方式填色，即总会在 rainbow color 范围之内填色。当色阶数超过 rainbow 数时，中间有部分会按双倍间隔填色，以满足 rainbow color 数限制 'rb'表示有交互功能，可预先用 set line/string/strsiz 等设置 颜色 线型 粗细 等。但以下许多命令也自动必要的参数选项。
52.	'draw rbrec/rbrecf' <color> <thick> <style> <-r ang[度]>;	画 < 填 色 的 > 橡 筋 盒 子 <color> <thick> <style> <-r ang[度]> 可设置线的颜色、粗细、线型、旋转角度
53.	'draw rbrec/rbrecf' <image.png>'	画橡筋盒子 image.png: 盒子内居中填的图片
54.	'draw rbcircle/rbcircleff <color> <thick> <style> <+a<f>/-a<f> 4>'	画 /< 填色的 > 橡筋园。（闭合 3 次样条曲线）+/-a<f> n (+ 带逆时针箭头；- 顺时针箭头。缺省不带箭头。n=4，箭头个数。缺省不带箭头
55.	'draw rboval/rbovalf <color> <thick> <style> <+a<f>/-a<f> 4> <-r ang[度]>'	画 /< 填色的 > 橡筋椭圆。+/-a<f> n (+ 带逆时针箭头；- 顺时针箭头。-r ang 旋转角度
56.	'draw rbline <color> <thick> <style> '	画橡筋折线。（不断拖动鼠标左键画线，点击右键结束画折线）
57.	'draw rbpen <color> <thick> <style> <-c /-cf <color>>'	按下鼠标不放并拖动，画铅笔线（-c：可自动闭合区域 –cf：在闭合区域填色）
58.	'draw rbarrow/rbarrowf <color> <thick> <style> <+a/-a <n>>'	画带 /< 实心 > 箭头的线 / 折线 –a: 向后的箭头，即箭头在开始端，+a(缺省) 向前的箭头，即箭头在结束端。n: 标箭头密度 (1)Set arrowhead size 设置箭头大小
59.	draw rbpolygon / rbpoly/rbpolyf <color> <thick> <style>	画 /< 填色的 > 橡筋多边形

	新 添 功 能	说 明
60.	'draw rb2spline/rb2spline_c <color> <thick> <style> <+a<f>/-a<f> 2>'	画橡筋二次样条曲线 <+a<f>/-a<f> 2> 带向前 / 后的 <实心> 箭头 2：标箭头数、密度
61.	'draw rb3spline/rb3spline_c <color> <thick> <style> <+a<f>/-a<f> 2>'	画橡筋三次样条曲线 rb2spline_c/rb3spline_c 画自动闭合样条曲线
62.	'draw rb3spline/rb2spline <color> <thick> <style> <+a<f>/-a<f> 2> <-p/-pw x1,y1 x2,y2 x3,y3 ……..>	给定坐标点，画 2 次或 3 次样条曲线（非交互式）-p：按英寸定义点坐标；-pw：按经纬度 每个点的 xy 坐标用 '，' 逗号分隔；点与点之 间用空格分隔。其它参数同上。也可画闭合区 域样条
63.	'draw doubleline <color> <thick> <style> <-d inch> <-l n> <+a<f>/-a<f> 2> <-p/-pw x1,y1 x2,y2 x3,y3 ……..>	画双线。Set digsiz size 可以调节间隔 或 –d 设置线间距（英寸）；-l n 条线（缺省： n=2 双线）也可以给定坐标点直接画。
64.	'draw rbmark marktype <size> <color> <thick>	用交互方式画符号（不断点击鼠标左键画符号， 点击右键结束） marktype=1~12（说明见 draw mark） Size：符号尺寸（[英寸] 缺省：按当前字符 大小）
65.	'draw rbmark image.png <scale>	插入 png 图片（最好是透明图片，不然可能会 有黑线框），缺省 scale=1。点击处代表图片的 左上角
66.	'draw rbwxsym symbol <size <color <thickness>>	插入气象符号。Symbol=1~43，thick=3， color=-1 Size=0.2
67.	daw rbstring string_list <-c <rd>> <-j justification> <-r rotation> <-s size> daw rbstring abc xyz（写两个字符串） draw rbstring L W –c（在两个地方写 ○ L 和 ○ W）–c <rd> 等参数要写在字符串列表的后面	用交互方式写字符串（不断点击鼠标左键写字 符，点击右键结束） 可先设置 'set string 2 br 3 60' 'set strsiz 0.2' 对齐 方式和字符大小等 -c rd[英寸] 画带圈的单个字符,不给 rd（半径） 值，系统自动按字符大小定义半径值 -j 对齐方式（缺省：bl） -r royation[度] 按角度写字 -s size[英寸] 字符大小
68.	daw front c/w/o/cw <b2/b3> <n> -l type -c col -th thick <-pw lon1,lat1 lon2,lat2 lon3,lat3 ……..>	用2/3 次样条画冷 / 暖 / 固因 / 静止锋（尺寸： set strsiz）n：标符号个数、密度 <缺省：b2 & 2> -l 线型 [1] –c 颜色 [2] –th 粗细 [5] -pw 经 纬度坐标点对。如果带 -pw 参数，直接按给定 点画锋面，否则用交互式画法

（续表）

	新 添 功 能	说 明
69.	draw rbsym \<sym\> \<thick\> \<wide\> \<color\> \<style\> \<size\> \<-p/-pw x1,y1 x2,y2 x3,y3 ……..\>	画符合：sym(= frost /0：缺省表示画霜冻线) Sym=frost：画霜冻线 Sym=marktype（1~12，12 种符号，见 30 项） Thick：线的粗细如果 thich=0，符合间不连线) wide 间隔（是 size 的 2 倍 /3 倍） Col & style：线的颜色和型式 Size：符号大小（当前字符大小） 如果带 -p/-pw 参数（见 rb3spline），按给定点画符号
70.	'set rband 1 box/line 2 2 6 6'；	'q pos'; 在 set rband 区域内拖动鼠标画，返回橡筋盒子 / 线的启始点坐标（英寸）